목조건축의 구성

목조건축의 구성

장헌덕 지음

한국문화재보호재단

차례

제1장 서론
서론 8

제2장 고건축 구성 요소

1. 기단부 10
    가. 지정 10
    나. 기단 11
    다. 계단 14
    라. 초석 15

2. 축부 18
    가. 평면 18

      1) 유구를 통해 본 한반도 불전 평면의 변화 20

        황룡사지/사천왕사지/불국사 대웅전과 극락전/미륵사지/정림사지

        왕궁리사지/감은사지

      2) 중국 당·송대 불전의 면 26

        남선사 대전/불광사 대전/보국사 대전/봉국사 대전/화엄사 대웅보전

        박가교장전/융흥사 마니전/승복사 미타전/소림사 초조암/연복사 대전

      3) 현존하는 한국 사찰 불전의 평면 33

        봉정사/부석사/수덕사/은해사 거조암 영산전/성불사/심원사/고산사/무위사

        개심사/환성사/관룡사/율곡사/불갑사/위봉사/개암사/화암사

        무량사/마곡사/화엄사

      4) 한·중 불교건축의 불전 평면 변화와 발전과정 45

나. 기둥 ·· 49
　　다. 공포 ·· 53
　　　1) 공포의 역사 ·· 53
　　　2) 중국의 고대공포 ·· 54
　　　3) 한국의 공포 ·· 59
　　　4) 송『영조법식』을 통해 본 포작의 정의 ······················ 63
　　　5) 포작과 재분제도 ·· 66
　　　6) 한국목조건축의 흐름과 수상재 ······························ 74
　　　7) 주고와 포작 높이의 관계 ······································ 79
　　　8) 하앙 ·· 82
　　　9) 익공 ·· 97

3. 가구부 ·· 99
　　가. 도리 ·· 102
　　　1) 도리의 명칭과 직경 ·· 102
　　　2) 도리의 위치와 지붕의 물매 ·································· 105
　　　3) 고려시대 건물의 지붕높이 ···································· 114
　　나. 보 ·· 119
　　다. 대공 ·· 127
　　라. 서까래 ·· 130
　　마. 창방과 평방 ·· 136

4. 옥개부 ·· 138
　　가. 팔각지붕의 합각 위치 ·· 138
　　나. 처마곡 및 안허리곡 ·· 138
　　다. 처마 내밀기 ·· 139
　　라. 처마 돌출거리와 처마 높이의 비례 ······················ 140

마. 박공의 형태 ·· 142
　　바. 지붕형태와 평면 형태의 관계 ·· 143

제3장 중층구조
1. 중층구조 ·· 146
　　가. 중층의 구조방식 ·· 149

제4장 기법
1. 기법 ·· 154
　　가. 이음 ·· 154
　　나. 맞춤 ·· 155

부록
1. 사료 ·· 160
2. 단행본 및 논문 ·· 160

제 1 장

서론

서론

한반도 건축문화의 역사는 선사시대의 수혈주거에서부터 그 맥을 찾아볼 수 있으며 삼국이 고대국가 체제를 정립하면서 도성(都城)과 궁궐(宮闕)을 영건하고 외래종교인 불교를 받아들임으로써 비약적인 발전을 하게 되었다고 생각된다. 이러한 건축문화 발전단계는 목조건축문화권에 속해 있는 중국(中國)이나 일본(日本)도 예외는 아니다. 전통건축은 그 기능에 따라 크게 주거건축, 관아건축, 사묘건축, 종교건축 등으로 나누어 볼 수 있으나 이들 건물도 시대와 지역에 따른 고유성을 지니고 있기 때문에 건축사를 연구하는 입장에서는 그 연구대상과 범위를 어떻게 정하느냐에 따라 그 결과는 서로 달라질 수밖에 없다.

하나의 건축에서 구조(構造), 기능(機能), 미(美)는 서로 독립된 요소들이 아니다. 아무리 기능적으로 좋은 건물이라 할지라도 구조적으로 안정되어 있지 않아 건물이 붕괴된다면 엄청난 재앙을 불러오게 될 것이다. 어떤 건물이 구조적으로 안정되고 기능성이 조화를 이룬다고 한다면 곧 그 건물의 외관과 상징성이 뛰어나다는 의미일 것이다. 1970년대 서울 종로의 3·1빌딩은 우리나라 고층빌딩의 상징이었고 I.M Pei가 설계한 중국은행 홍콩지점 빌딩은 현대빌딩의 상징성과 의장성이 잘 나타나 있는 작품이다. 현대의 도시 건축에서 추구하고 있는 이러한 상징성과 의장성의 조화는 인간이 원시적인 재료로 집을 짓기 시작한 아득한 옛날부터 시작되었다. 그리고 건물이 하늘 높이 올라가면서 예전에 생각할 수 없었던 공간적인 위계와 건축공법도 점차 발전하게 되었다.

우리나라의 역사에서 삼국시대에 조영된 신라 경주의 불국사와 석굴암, 황룡사 9층 목탑, 백제 익산 미륵사지 석탑, 고구려 안학궁 등은 역사성과 상징성을 잘 보여주고 있는 멋이 있는 건축이었다. 뿐만 아니라 고려시대에 지어진 영주 부석사 무량수전과 예산 수덕사 대웅전은 누구나 감탄이 절로 나온다. 거칠거칠하면서도 가지런히 쌓은 기단, 날씬하고 길게 뻗은 기둥, 산허리보다 더 높이 날아갈 듯한 용마루, 이것이 바로 우리 선조들이 물려준 멋과 맛의 건축이다. 멋은 형태적이고 구성적이다. 멋을 부리기 위해서는 멋의 특성을 찾아내야 한다. 전통건축의 이해는 바로 한반도 여기저기에 존재하는 개개 건축의 멋을 찾아내어 자기의 것으로 승화시키는 것에서 시작한다. 멋 속에 담겨져 있는 맛을 즐기는 것은 음미하는 자만이 즐길 수 있는 희열이다.

이 책에서는 목조건축의 구성을 옥개부, 축부, 기단부로 나누어 설명하면서, 우리나라보다 체계적으로 전통건축의 기틀이 정리되어 있는 중국의 자료를 이용하기도 하였다. 나 자신도 20년 이상을 이 분야에서 현장을 돌아다녔지만 볼수록 새롭고 신기한 것이 이 분야인 것 같다. 흥미를 가진 후배들과 함께 예습과 복습하는 마음으로 자료를 정리하였다. 건축역사연구실의 현옥, 경화, 민경, 지서, 범진에게 고마움을 전한다. 미흡한 부분은 다음 기회에 보완하여 좀 더 나은 책자가 되도록 노력하고자 한다. 선·후배 여러분들의 충심어린 충고를 기다린다.

2006년 3월 백마강 어구의 연구실에서

저자 장헌덕

제 2 장

고건축 구성 요소

2. 고건축(古建築) 구성 요소

1. 기단부(基壇部)

가. 지정(地定)

기단부는 건물의 기초부분으로 건물의 최하부에 있어 건물의 상부하중을 받아 이것을 지반에 안전하게 전달시키는 구조부분이다. 지정(地定)은 기초를 보강하거나 지반의 지지력을 증가시키기 위한 하나의 방법을 말한다. 지금까지 밝혀진 건물의 지정(地定)은 토축, 판축, 혼축, 입사 등으로 나누어 볼 수 있다.

토축은 흙을 다져 건물의 기초를 다지는 일반적 수법으로 민가에서 많이 사용되었다. 판축은 마사토와 모래를 한 겹 한 겹 다져 올리는 수법으로 옛 백제지역의 중요건물에서 사용되었던 방법 중의 하나이다. 대표적인 예로 전북 익산 미륵사지 중원의 목탑 하부지정이 있다. 혼축은 자갈과 마사토를 섞어 지정을 한 경우와 호박돌과 진흙을 혼용하여 쌓은 경우가 있다. 전자는 경주 황룡사지 목탑지 하부구조에서 볼 수 있으며, 후자는 익산 미륵사지 동원석탑 하부구조에서 확인된 바 있다. 입사는 미륵사지 서탑 하부에서 일부 확인되었으나 그 정확한 수법은 아직 확실히 밝히지 못하였다. 이와 더불어 1987년 창경궁 중건공사시 명정전 서북측 늪지 공간에서 말뚝지정이 확인되었으며, 최근에 정비된 청계천 광통교 주변에서도 같은 말뚝지정 수법을 찾아볼 수 있다.

우리의 선조들은 건물을 지을 때 그 성격에 알맞은 기초를 선택하는 슬기로움이 있었음을 여러 유적을 통해 알 수가 있다.

미륵사지 목탑지 판축지정

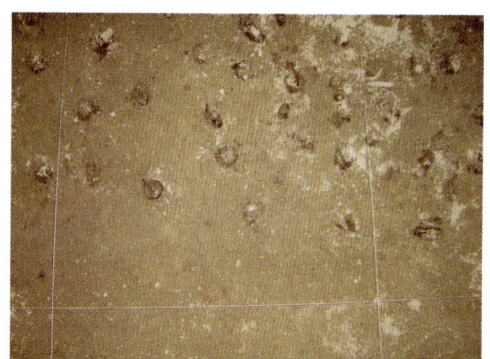
광통교 말뚝지정

황룡사지 목탑지 판축지정

나. 기단(基壇)

고대 원시적인 주거지에서는 빗물이 들어오지 못하도록 그 주변에 배수로를 만들고 안쪽으로 약간 높은 단을 만들었던 흔적이 보인다. 이것은 지금까지 밝혀진 가장 원시적인 기단이다. 그 후 건물의 규모가 커지고 한 공간에 여러 기능의 건물이 들어서면서 건물의 위계를 나타내기 위해 기단의 높이를 서로 달리하게 된다. 경복궁 근정전의 상·하 기단과 중국 북경 자금성의 태화전 기단은 주변 건물의 기단과 비교해 볼 때 건물의 위엄을 나타내는 상징적인 요소가 포함되어 있다고 하겠다.

중국 반파유적

일본 규슈지역 원형주거지

기단의 역사 : 기단(基壇)은 목조건축에서 특별히 발달된 부분이며 유구한 역사를 가졌다. 중국『사기(史記)』에서 "堯之有天下也 堂高三尺"이란 기록을 볼 수 있으며, 한(漢)나라에는 3계(階)의 제도가 있었다.[1] 기단은 동서를 막론하고 같은 성격을 지니며, 전체의 일부분으로 건축을 떠나 독자적으로 생각할 수 없다. 일반건축에서 기단은 이미 건물 일부에 포함되어 있지만 궁전(宮殿), 묘우(廟宇)에서는 아주 중요한 구성요소였다. 예를 들어 북경 고궁의 工자형(字形) 기단 위에 놓인 삼전(三殿)은 백옥석으로 된 3겹의 기단(3重)이 받들고 있으며 이 기단은 한(漢)나라 삼계와 같다. 중국건축은 역사상 아주 정교하고 상세한 계획을 하여 완전한 기단은 웅위로운 궁전 건물을 뒷받침하여 주었다.[2]

또 한편으로 돈황벽화의 건축부재와 장식편에 나타

북경고궁 태화전의 삼중계

북경고궁 태화전의 공자형 기단

---

1) 왼쪽은 척(䃰)이고 오른쪽은 평(平)이다. 3계는 바로 기단이며 위는 층계(層階)이고 평은 어도(御道)이다.

2) 梁思成,『清式營造則例』, 中國建築工業出版社, 1987, 北京, p.14~15.

난 동서계(東西階)에 관한 내용을 보면 "『예기·곡례(禮記·曲禮)』에서 말한 동서계는 기단 남쪽의 동서에 계단이 있고 가운데에는 계단이 없는 것을 말한다. 동계(東階)는 주인이 사용하는 것이고, 서계는 빈계(賓階)라고도 불리며 손님들이 사용하는 것이다"[3] 라고 기록되어 있다.

기단의 재료 : 기단에 사용된 재료는 그 재질에 따라 크게 석재기단, 전축기단, 와적기단으로 분류해 볼 수 있는데 전축기단과 와적기단은 옛 백제지역인 부여의 전(傳)천왕사지, 군수리사지 등의 일부 건물에서 사용되었음이 확인되었다. 석재는 한반도 전역에서 생산되는 자연재료이므로 전국에서 골고루 사용되었다.

기단의 형태 : 기단은 그 짜임에 따라 자연석기단, 장대석기단, 가구식기단으로 나누어지고 단의 형태에 따라 단층기단(單層基壇)과 중층기단(中層基壇)으로 구분이 된다.

지금까지 확인된 가구식기단은 거의가 삼국시대 유구로 면석과 면석 사이에 작은 기둥을 모각(模刻)하여 그 사이에 면석을 끼우고 이들 면석에는 때로 화려한 문양을 조각하여 그 위에 갑석을 올려 우아한 기단을 조성하였다. 경남 양산에 있는 통도사 대웅전 기단은 대표적인 예가 된다. 이들 가구식 기단은 거의가 평지나 구

통도사 대웅전 기단

청암리사지 기단

릉지 사찰에서 보이는 장소성을 지니고 있다. 장대석기단은 고려시대의 궁궐인 만월대 등 조선시대의 궁궐과 양반가옥, 민가, 사찰 등에 널리 사용되었다. 장대석 기단은 가구식기단에 비하여 가공과 시공이 편리한 장점을 지니고 있다. 자연석기단은 산지사찰의 불전이나 민가에 많이 사용되었는데 가공이 필요없고 누구나 손쉽게 쌓을 수 있는 장점을 지니고 있다.

---

3) 『예기·곡례』상 : "주인은 동계, 손님은 서계". 또 『의례·사관례』 그리고 『의례·사혼례』.

군수리사지 와적기단

미륵사지 중금당 기단

수원화성 방화수류정 기단

불국사 대웅전 기단

자연석기단

장대석 기단

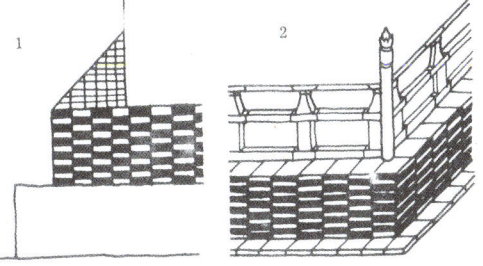
돈황석굴에 보이는 기단의 형태

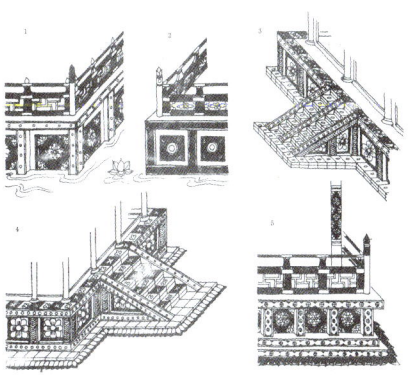

다. 계단(階段)

기단에 짜여진 계단은 시대와 지역에 따라 약간의 차이를 보이고 있다. 가구식 기단에 놓이는 계단은 이들 양측에 놓이는 소맷돌이 대부분 별석으로 놓이게 되는데 소맷돌이 기단의 갑석에서부터 소맷돌 머리끝까지 경사지게 내려오는 수법과 소맷돌 끝에서 약 30cm 정도 안쪽에서 결구되어 그 앞머리에는 구멍을 뚫어 기둥을 세웠던 수법으로 나누어 볼 수 있다.

전자의 결구법은 미륵사지 등 옛 백제지역에서 보이는 수법이고, 후자의 결구기법은 황룡사지, 감은사지 등 옛 신라지방에서 보이는 수법이다. 그리고 백제지역의 계단기법은 일본 나라(奈良)지역의 건물지 계단(階段)에서도 동일한 수법이 보여 기록에 나타나는 백제 장인들의 일본교류사실을 간접적으로 증명해주는 좋은 자료가 된다. 그리고 소맷돌 앞쪽에 기둥이 놓이는 수법은 불국사 다보탑 기단부에서도 나타나는데 이러한 기법은 신라시대에 유행한 하나의 법식으로 보인다. 그러나 장대석 기단이 짜여진 건물에서는 이미 이러한 기법이 생략되어 계단의 우석(隅石)이 1매석으로 변하면서 백제식 계단 결구수법보다는 신라식 우석 결구수법으로 변해 우석머리 부분에 꽂혔던 기둥은 생략되고 평평한 면으로 간략화 된다. 또한 조선시대 궁궐의 여러 건물에서는 소맷돌이 생략되고 단지 장대석만으로 디딤돌 기능만 하는 계단도 있다. 이러한 예는 자연석을 사용한 계단에서도 나타나는데 몇 개의 큰 돌을 듬성듬성 놓아 단지 오름 계단으로서의 기능만을 가지게 된다.

불국사 다보탑 계단

미륵사지 강당지 계단

불국사 대웅전 계단

라. 초석(礎石)

기단 위에 놓이는 초석은 상부의 하중을 지면에 전달해 주는 완충부재인 동시에 때로 건물의 연대를 판정해주는 좋은 자료가 된다. 초석은 다듬은 정도에 따라 가공초석(加工礎石)과 자연초석(自然礎石)으로 분류해 볼 수 있다. 가공초석은 그 모양에 따라 원형초석, 방형초석, 팔각초석으로 나누어지고 그 높낮이에 따라 평초석(平礎石)과 장초석(長礎石)으로 나누어진다. 지금까지 밝혀진 유적에서 방형초석과 장초석은 옛 백제지역인 부여와 공주, 익산지방에서 많이 볼 수 있고, 원형초석은 경주를 비롯한 여러 지역에서 보인다. 이들 초석의 윗면에는 몰딩한 단을 만들어 그 가운데에 주좌를 조각하기도 하는데 이것을 쇠시리라고 부르기도 한다. 자연초석은 기둥의 아랫면을 돌의 요철(凹凸)에 맞추어 그렝이질하는데 현재 남아있는 고려시대와 조선시대의 많은 건물에서는 이 수법을 따르고 있다. 그러나 같은 목조건축 문화권역에 속해 있는 중국은 송대(宋代)에 이미 목조건축의 설계 및 시공의 표준이 되는 『영조법식(營造法式)』이 발간되었는데 이들 초석에는 연화문(蓮花紋)과 인동당초문(忍冬唐草紋) 등이 화려하게 새겨지고 있다.

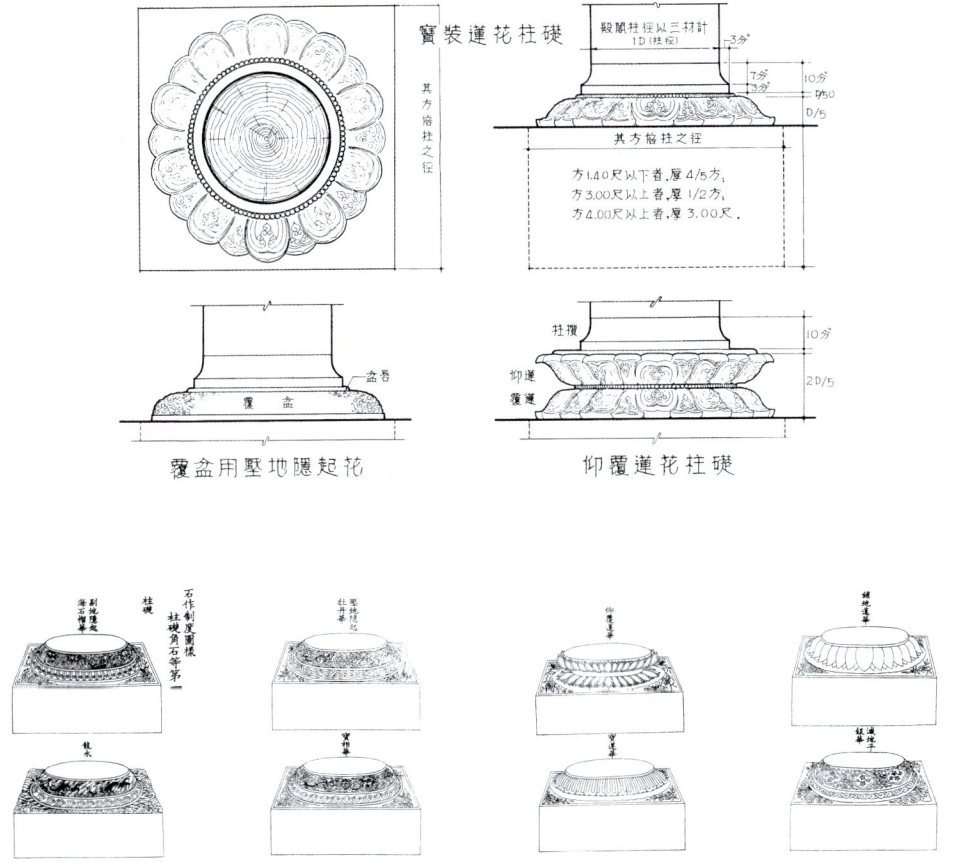

송 『영조법식』 초석

미륵사 화랑지 초석

미륵사 서금당지 초석

집안 동대자유적 원형초석

집안 동대자유적 팔각초석

하북 융흥사 마니전 초석

소주 나한원 초석

소림사 초조암 초석

요령 봉국사 대전 초석

부석사 무량수전 평주 초석

부석사 무량수전 우주 초석

부석사 무량수전 활주 초석

창덕궁 청의정 초석

그렝이질 자연 초석

2. 축부(軸部)

가. 평면(平面)

평면의 형태 : 건축물의 바닥 크기를 결정하는 요소는 길이와 너비 2가지가 있다. 이들 중 비교적 긴 것은 길이로 도리칸에 해당되고, 짧은 것은 너비인데 보칸에 해당된다. 기둥의 배치는 도리칸과 보칸의 방향으로 놓이게 되는데 기둥과 기둥 사이를 모두 칸(間)이라고 부른다. 이 칸은 바로 건축 평면상에서 제일 낮은 단위이며 건축물의 크기는 바로 칸의 많고 적음에 따라 정해진다. 칸에도 이름이 있는데 가운데에 문을 달아놓은 칸을 어칸이라 하고 어칸 양측을 협칸이라고 한다. 그리고 평면 앞·뒤로 반칸 정도 덧달아낸 칸을 퇴칸이라고 한다.

평면 형식은 장방형이 기본이지만, 북경 고궁의 중화전과 창덕궁 옥류천의 태극정과 같이 정방형도 있다. 이형 평면으로는 육각형, 팔각형, 원형, 丁자형, 十자형 등이 있는데 육각형과 팔각형은 주로 정자건축에 많이 적용되었다. 정자형은 능묘 앞의 제단용 건축에서 그 예를 찾을 수 있으며, 십자형 평면은 창덕궁 부용정과 중국 송대(宋代) 건축인 융흥사 마니전 등을 들 수 있다. 원형은 대부분 아주 장중한 큰 건물에 쓰였는데 북경 천단의 기년전과 황궁우는 좋은 예가 된다.

몽촌토성 주거지

영암 주거지 복원

채와 공간 : 전통건축은 여러 평면이 모여 정연한 배치 공간을 이루며 궁궐, 사묘, 조선시대의 양반주택 등은 이러한 예에 속한다. 북경의 사합원은 주로 남향하고 있으며 중앙에 있는 방을 정전 혹은 정방이라고 한다. 정전 앞 좌·우로 서로 마주한 방을 배전 혹은 상방이라고 하고 정전과 마주 한 건물은 전전(前殿) 혹은 도좌(倒座)라고 한다. 이 4동을 포함한 건축군을 원이라고 하였다. 하나의 주택, 궁전, 혹은 사묘는 많은 원으로 구성되어 있다. 한 원의 네 면에 모두 건물이 있는 것은 4합이며, 상방 혹은 도좌가 없이 세 면에 건물이 있는

서안시 전경(사합원)

것은 3합이다. 중국건축에서 이러한 배치원칙은 시대를 막론하고 변하지 않았지만, 이궁의 별관, 정원, 사묘 같은 경우에는 지형에 따라 적합한 공간을 설계하였으며 절대적인 규범의 제한을 받지 않는 경우도 있었다.

평면 : 평면과 가구체계에 관하여 중국은 이미 송(宋) 『영조법식(營造法式)』에서 그 기본적인 도면을 제시하였지만 우리나라에서는 중국의 『영조법식』이나 『공정주법(工程做法)』과 같은 고대의 건축 기술 전문서적이 전해져 오지 않아 건물의 평면과 가구구조에 대한 확실한 정의를 내리기 어렵다. 그러나 지금까지 발굴조사에서 밝혀진 황룡사지의 금당과 목탑 등 많은 건물지 유구와 『삼국사기(三國史記)』 옥사조(屋舍條) 등의 기록으로 미루어 보면 우리나라에도 중국의 『영조법식』에 버금가는 정확한 법식이 있었던 것으로 추정된다. 그러나 이러한 법식이 기록으로 전해오지 않아 건축사 연구에 많은 어려움을 안겨주고 있다.

중국 송대 이명중(李明仲: 호는 李誡)에 의해 편찬된 『영조법식』에서는 평면을 주열의 배치에 따라 외조(外槽)와 내조(內槽)[5] 로 구분하였는데 이러한 평면은 발굴조사된 중국 당대(唐代)의 많은 건물지와 현존하는 당대(唐代) 건물인 불광사(佛光寺) 대전(大殿)(857)의 평면도 이들 유형에 속하고 있어 『영조법식』은 수·당대에 선행(先行)되었던 제도를 송대(宋代)에 와서 규범화 했던 것으로 볼 수 있으며, 건물의 평면 유형은 건물의 규모에 따라 여러 형태로 변해가고 있음을 볼 수 있다. 『영조법식』권 제31조 대목작제도도양(大木作制度圖樣)에서는 4개의 평면 유형을 제시하였다. 그러나 이러한 평면 유형은 이미 이전에 사용되던 여러 가지 평면 중에서 가장 기본이 되는 표준형의 평면을 제시한 것이다.

먼저 "殿閣身地盤九間身內分心斗底槽"는 3칸×2칸의 기본단위를 확장한 평면으로 보이는데 이러한 평면은 계현 독락사(獨樂寺) 산문(984), 소주 호구 이산문(虎丘二山門) 등으로 문루건축 평면의 기본이 확장되어 가는 것으로 이 건물은 정면과 측면의 비가 2:1에 근사하다.

그리고 "殿閣地盤殿身七間副階周匝各兩架椽身內金箱斗底槽"는 현존하는 유사한 건물은 없지만 한국 경주의 황룡사지 동금당 유적에서 그 평면의 실례를 보이고 있어 당시의 건축기술 발전과정을 증명하여 주고 있다.

또한 "殿閣地盤殿身七間副階周匝各兩椽身內單槽"와 "殿閣地盤殿身七間副階周匝各兩椽身內雙槽"는 비교적 규모가 큰 대다수 건물에서 응용될 수 있는 가장 기본적인 평면의 예라 할 수 있다. 이러한 전형적인 평면의 예시는 후대 건물에서 기둥의 위치 변화를 알 수 있는 기준이 된다.

---

4) "殿閣地盤殿身七間副階周幣身內單槽", "殿閣地盤殿身七間副階周幣身內雙槽", "殿閣身地盤九間身內分心斗底槽", "殿閣地盤殿身七間副階周幣各兩架椽身內金箱斗底槽"

5) 외조와 내조는 우리나라 건축용어의 외진주열과 내진주열에 해당된다. 장경호 박사는 이것을 바깥줄기둥과 안줄기둥으로 부르기도 한다.

1) 유구를 통해 본 한반도 불전 평면의 변화

목조건물의 규모는 일반적으로 칸[6]이라는 단위에 의하여 결정하게 되고 이들 단위가 중첩되면서 평면의 규모가 확정된다. 칸에 의해 확정된 하부구조는 결국 상부구조의 가구체계와 축부를 결정하는 핵심적인 요소가 되어 목구조 건축의 조형미를 창출하게 된다.

이러한 평면과 입면에 대한 조형적 미에 대하여 서양건축에서는 $\sqrt{2}$, $\sqrt{3}$, $\sqrt{5}$ 등의 황금비율을 사용하고 있는 것으로 해석하는데 그 대표적인 예 중 하나가 파르테논 신전에 적용된 $\sqrt{5}$ 황금비율이다.

서양에서 이러한 비례의 사용은 건축에서뿐만 아니라 미술사 분야에서도 널리 적용되어 조화와 균형을 이루는 미의 기본개념으로 인식되고 있다. 그러나 동양에서는 아직까지 이들 미에 대한 균제와 균형에 대하여 서양에서만큼 그 정의가 명백하지 못하다고 할 수 있다. 평면은 건물을 구성하는 수평적 요소로 특히 기능적인 면이 강조되어 있다. 사찰에 있는 많은 불전은 사찰 내 불상이 모셔져 있는 모든 건물을 지칭하게 되지만 평면의 변화 과정은 사찰 내에서 최고의 의식이 행해지는 주불전(대전, 금당, 대웅전, 보광전)의 평면을 위주로 지금까지의 발굴조사 자료와 현존 중요건물을 중심으로 비교 고찰하였다.[7]

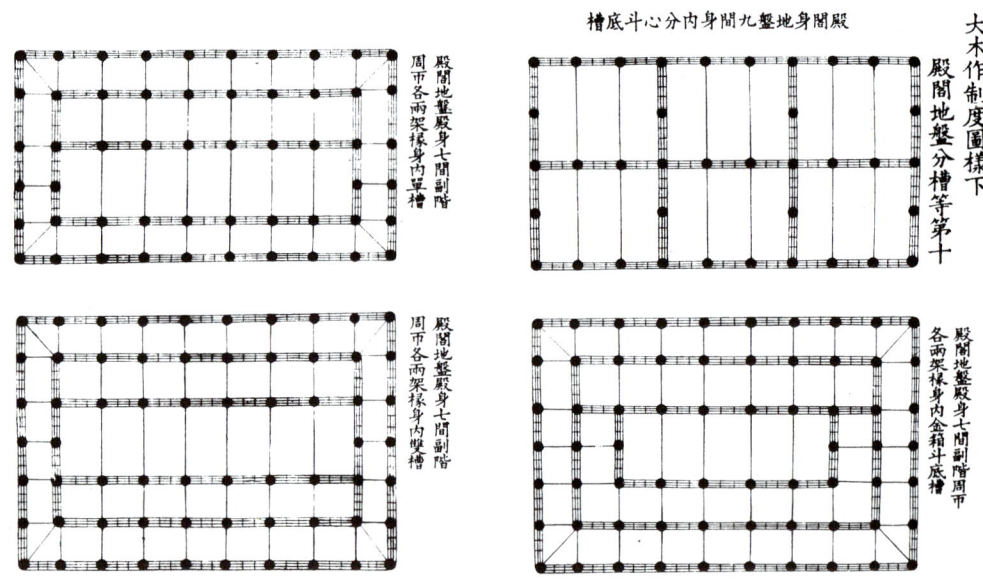

『영조법식』에 제시된 기본평면 유형

---

6) 칸(間)이라는 단위는 목조건축물에서 기둥과 기둥 간의 간격을 지칭하며 동일한 건물에서도 칸의 실제거리가 다르게 나타난다. 이러한 개념은 서양의 BAY와 같은 뜻으로 이해할 수 있는데 서양인들에게는 매우 생소한 단위가 된다.

7) 평면고찰에서 지칭한 척은 발굴조사된 유구를 중심으로 조사보고서에 기록된 수치를 기준으로 기술했기 때문에 영조척에 대한 길이의 단위는 시대에 따라 차이가 있음을 밝혀둔다.

황룡사지

경북 경주에 있는 황룡사지(皇龍寺址)의 금당은 신라 진평왕(眞平王) 6년(584)에 중건되었다. 『삼국유사(三國遺事)』 원광서학(圓光西學)조에 의하면 건복13년(建福 13年: 613) 수(隋) 양제(煬帝) 9년에 수의 사신 왕세의(王世儀)가 황룡사 설법회에 참가한 기록이 있어 교류사적인 측면에서도 매우 중요한 건물이다. 그 후 이 사찰은 국찰로서의 위엄을 지켜 오다가 목탑과 함께 몽고란(1238년) 때 소실되었다. 학술조사가 시행되기 전인 1976년 이전까지 이 절터에는 민가가 자리 잡고 있었고, 1976년부터 1983년까지 국립문화재연구소에 의하여 발굴조사가 진행되었다. 이 발굴조사를 통해 중금당을 중심으로 그 좌우에 중금당에 비해 규모가 작은 동·서 금당이 위치해 있었음을 확인할 수 있었다. 중금당의 상층기단 규모는 동서(정면) 163척, 남북(측면) 81척이며 전각의 평면 규모는 정면 9칸, 측면 4칸으로 측면의 각 칸은 (16.5척×9칸)+차양칸(11척×2칸)=170.5척이었다. 그리고 측면칸은 (16.5척×4칸)+(11척×2칸)=88척으로 산정되어 정면과 측면의 비는 약 2:1이다. 상층기단 외부로는 사방으로 또 하나의 주열을 배치하여 그 주위로 차양(遮陽)칸을 두었다. 그리고 상층기단의 외진초석열(26개 기둥)과 내진초석열(18개 기둥)로 평면을 구성하고 내부공간에는 중앙에 거대한 장육존상과 협시불을 안치하였다. 그 좌우에는 불상을 놓았던 8개의 불상대좌가 배치되어 있다. 이

황룡사지 전경

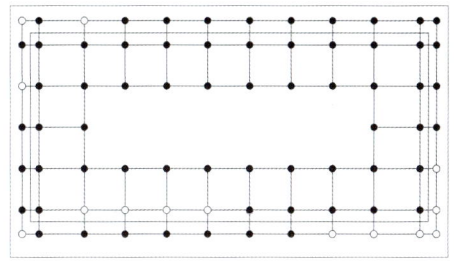

황룡사지 중금당 평면도

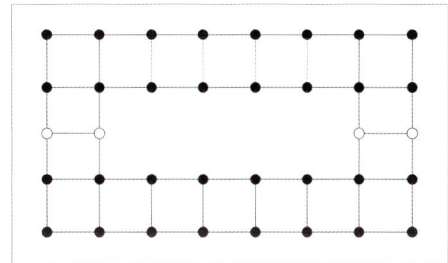

황룡사지 동금당 평면도

불상대좌의 배면과 그 좌우로는 벽체가 구성되었음을 알 수 있는데 이러한 내부 공간구성은 중국 오대산 불광사(佛光寺) 대전의 내부구성공간과 매우 유사함을 알 수 있어 내부 공간 비교연구에 매우 귀중한 자료가 된다.

중금당의 동·서에는 중금당과 함께 건립된 것으로 추정되는 동·서 금당이 조사되었는데 서금당의 유구는 많이 손상되었다. 그러나 동금당의 건물유구는 그 상태가 양호하여 발굴을 통하여 창건 후 2번에 걸친 평면의 변화가 있었음을 알 수 있었다.

동금당의 건물규모를 보면 상층기단은 정면 112.5척, 측면 62척이고 하층기단은 동서 126척, 남북 75척이다. 전각의 평면 규모는 정면7칸, 측면4칸으로 정면의 각 칸은 (15.5척×5칸)+협칸(13척×2칸)+차양칸(8척×2칸)=119.5척이었다. 그리고 측면칸은 (12.5척×4)+(8.5척×2칸)=66척으로 산정되어 정면과 측면의 비는 약 1.8:1이 된다. 그리고 상층기단 아래로 또 하나의 주열을 배치하여 그 주위로 차양칸을 두었다. 상층기단의 외진주열에는 22개, 내진주열에는 16개의 기둥이 배열되었던 것으로 확인된다.

감은사지

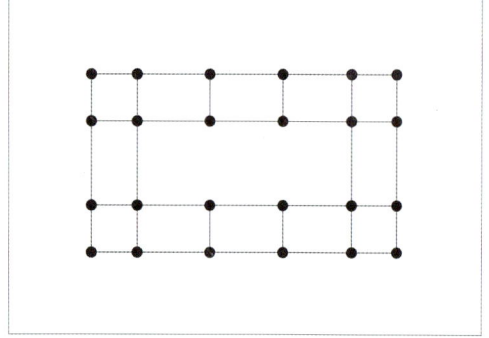

감은사지 금당 평면도

감은사지 전경

경상북도 경주군 양북면 대복리에 있는 절터이다. 문무왕(文武王)은 681년에 세상을 떠났는데 평소 지명법사(智義法師)에게 죽은 후에 나라를 지키는 동해의 용(龍)이 되어 불법을 받들고 나라를 수호하겠다고 말하였다 한다. 그리하여 동해변에 가람을 세워 불력(佛力)으로 왜구를 격퇴시키려 했다. 그러나 그 절을 완성시키지 못한 채 승하하니 그의 아들인 신문왕(神文王)이 부왕의 유지를 받들어 즉위 2년(682)에 절을 완공하고 절 이름을 감은사(感恩寺)라 하였다.

감은사 금당 밑에는 해룡이 된 문무왕의 넋이 내왕할 수 있게 혈(穴)을 뚫었다고 한다. 그러므로 금당 밑은 교량의 구조와 같은 돌로 된 기단을 형성하여 공간을 두고 그 위에다 건물을 올려놓도록 되어 있다. 금당의 상층기단은 정면 74.6척, 측면 53척이고 비교적 초석이 잘 남아 있는 정면은 (8척+12척+12척+12척+8척) = 52척이고 측면은(8척+14척+8척) = 30척으로 산정되어 그 비는 약 1.7:1 이다.

가람은 서쪽으로 약간 기울어져 남향을 하고 있는데 남북축선상에 남으로부터 중문, 금당, 강당이 놓이고 중문과 금당 사이 양옆에는 현존하는 동·서 3층석탑이 놓여있다. 또 강당 양측에는 보칸 3칸의 간살이 넓은 장방형 건물터가 동서로 놓여 이 양끝에서는 남쪽에서 북으로 뻗은 동·서 회랑이 근접하고 있다.

사천왕사지

이 사지는 경주의 낭산(狼山) 기슭 전신문왕릉(傳神文王陵) 옆에 있으며 문무왕 19년(679)에 창건되었다.

사천왕사의 가람은 쌍탑식으로 남북축선상에 남으로부터 중문과 그 북쪽 금당 사이 동·서 양측에 목탑이 놓였고 금당 후측에는 강당이 놓이고 금당과 강당 사이 양측에는 좌우경루(左右經樓)가 놓여있다. 회랑은 단랑(單廊)으로 중문에서 연결되어 탑과 경루를 에워싸고 강당 양측

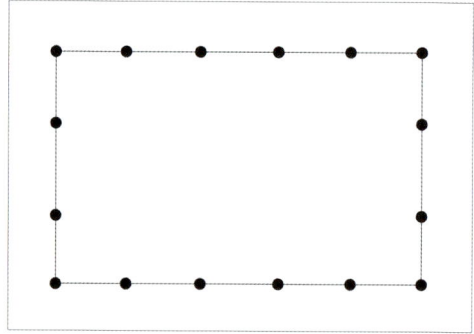

사천왕사지 금당 평면도

에 연접하였다. 가람의 전체적인 평면은 방형(方形)을 이루었다. 현재 절터 입구에 당간지주가 1기 있고 각 건물터별로 기단과 초석이 비교적 잘 남아있다. 지금까지 밝혀진 금당지의 규모는 정면 5칸, 측면 3칸이다. 정면의 각 칸은 (11.5척×5칸)=57.5척이고 측면은 (12척+14.5척+12척)=38.5척으로 산정되어 정면과 측면의 비는 1.49:1 정도이다. 금당지의 초석은 대체로 방형이며 초석 윗면에 도드라지게 원형 주좌를 두어 통일신라 초석의 초기적 수법을 나타낸다. 목탑지의 방형 초석 상면에는 방형 주좌를 두고 네 귀에는 석탑의 옥개석 귀낙수면처럼 도드라진 선을 새기고 중앙부에는 지름 20cm 내외의 구멍이 있다. 이것은 기둥을 고정시키기 위한 것으로 보이며 그 형태로 보면 인접한 망덕사지 목탑 심초석과 비교가 된다. 1932년에 발간된 조선고적조사보고서에 의하면 당초문 와당(唐草文 瓦當)과 사천왕상(四天王像)을 부조(浮彫)한 전(塼) 등이 출토되었다.

불국사 대웅전과 극락전

불국사 대웅전 내부 가구

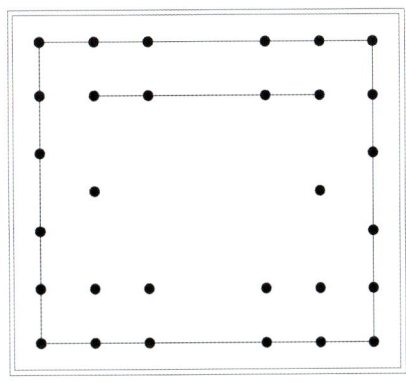

불국사 대웅전 평면도

신라 경덕왕 10년(751) 김대성에 의해 창건된 것으로 전해지고 있는 불국사(佛國寺)는 혜공왕 10년(774)에 완성되었다. 불국사 대웅전은 임진왜란 때 소실되었다가 조선 영조 41년(1765)에 현재 모습으로 재건되었다. 그러나 이 대웅전의 평면 규모는 창건 당시의 것으로 추정된다. 대웅전의 평면 규모는 정면 5칸(61.35척), 측면 5칸(55.55척)으로 산정되어 정면과 측면의 비는 약 1.1:1로 거의 정방형을 이룬다. 평면은 외진기둥 20개, 내진기둥 10개로 평면을 이루었으며, 외진기둥의 어칸 너비는 협칸에 비해 거의 2배에 가깝고 측면의 칸들은 거의 동일한 간격이다. 내진주열 측면으로는 각 1개씩의 기둥을 생략(減柱法)하였으며, 하나의 기둥으로 상부가구를 결구할 수 있도록 기둥을 옮겼다(移柱法).

동일한 사역 내에 있는 극락전은 대웅전과 같은 시기에 창건되었다가 조선 영조 26년(1750)에 원래의 위치에 초석의 변동 없이 재건된 것으로 추정된다.

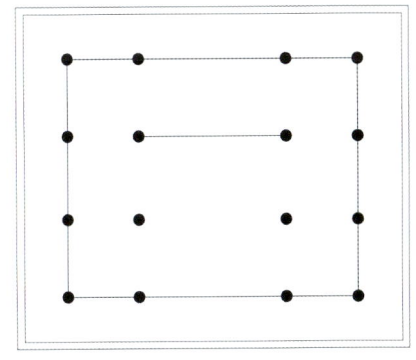

불국사 극락전 평면도

이 건물은 외진기둥 12개, 내진기둥 4개로 평면을 구성하였다. 그리고 대웅전과 마찬가지로 외진기둥의 어칸은 협칸의 거의 2배에 가깝고, 측면의 기둥은 거의 동일한 간격으로 배치되었다. 불단은 내진기둥의 뒤에 설치되어 예배를 위한 내부의 공간은 넓어졌다. 이러한 불단의 배치방법은 이후 소규모 불전에서 하나의 전형이 된다.

미륵사지

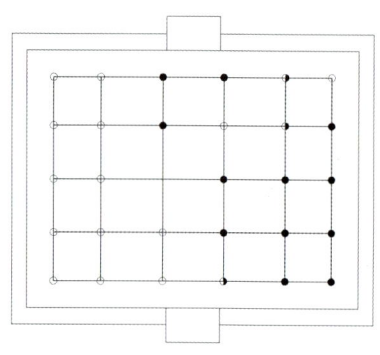

미륵사지 중금당 평면도

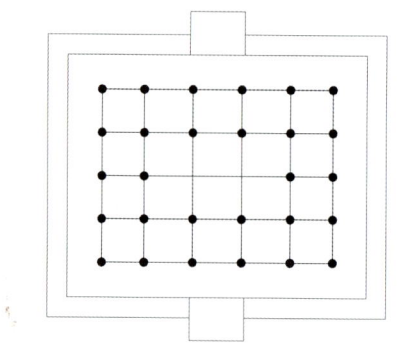

미륵사지 동·서금당 평면도

전북 익산에 있는 미륵사지(彌勒寺址) 중금당의 평면 규모는 정면 5칸, 측면 4칸이다. 정면의 각 칸은 (3.3m+4.4m+4.4m+4.4m+3.3m)=19.8m이고, 측면은 (3.3m+3.7m+3.7m+3.3m)=14.0m로 산정되어 정면과 측면의 비는 약 1.41:1이다. 기단 위 외진주열에는 18개, 내진주열에는 12개의 초석을 받쳤던 초반석이 있다. 이러한 초반석 위에 놓였던 초석은 모두 장초석으로 보이는데 동·서금당에도 이러한 동일수법의 초반석과 초석이 남아 있다. 그리고 초석의 윗면에는 사방으로 마루틀을 결구했던 흔적이 남아있다.

미륵사지 전경

정림사지

충남 부여에 있는 정림사지(定林寺址) 금당은 상·하의 기단을 갖춘 건물로 상층기단은 파손이 심하여 그 규모를 정확히 알 수 없으나 하층기단은 동서 21.10m이고, 남북 16.83m이다. 전각의 평면 규모는

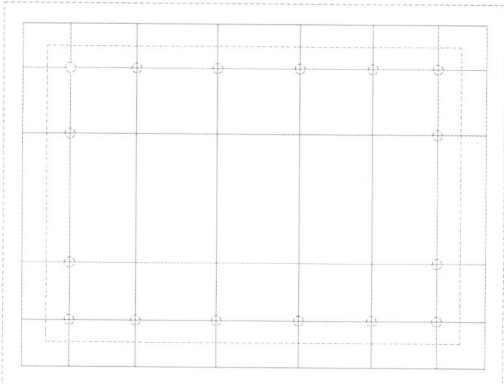

정림사지 금당 평면도

정면 5칸, 측면 3칸이고 그 주위로 차양을 두었던 흔적이 발견되었다. 정면의 각 칸은 (2.64m+3.30m+3.30m+3.30m+2.64m)=15.18m이고, 측면은 (2.64m+4.62m+2.64m)=9.9m로 정면과 측면의 비는 약 1.53:1이 된다. 그리고 차양은 측면에서 1.8m 간격으로 사방에 설치되었다.

외진기둥 16개, 내진기둥 8개로 평면을 구성하였으며, 측면의 어칸이 넓게 계획되었다는 특징이 있다.

왕궁리사지

미륵사지에서 3km 남쪽방향에 있는 왕궁리사지(王宮里寺址) 금당은 정면 5칸, 측면 4칸이다. 정면의 각 칸은 (2.4m+4.8m+4.8m+4.8m+2.4m)=19.2m이고, 측면은(2.48m+3.6m+3.6m+2.48m)=12.16m로 산정되어 정면과 측면의 비는 약 1.57:1이다. 기단의 외진주열에는 18개, 내진주열에는 10개의 초석이 남아있다. 왕궁리오층석탑 주변에는 미륵사에서 사용된 것과 같은 장초석이 있는데 이 초석은 금당에 사용된 것으로 보인다. 이러한 평면을 송『영조법식』에서 보면 청당형의 가구를 결구한 중층건물로 추정할 수 있다.[8]

왕궁리사지 전경

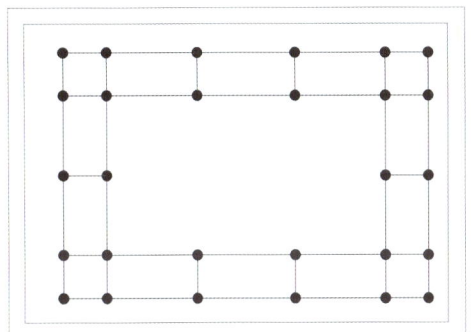

왕궁리사지 금당 평면도

지금까지 기술한 건물의 평면은 모두 한반도 가람에서 밝혀진 7~8세기 건물 유구이다. 한국에서 이러한 건물들의 복원설계는 지금 모형제작 단계에 불과하며, 건물 상부가구에 대해서도 많은 의문점을 남기고 있다. 따라서 삼국시대부터 많은 교류가 있어 한반도 건축문화에 영향을 끼친 당(唐)·송(宋)·요(遼)·금(金)·원(元)의 대표적인 불전들과 비교하면 당시의 건축계획적인 연관성을 추정해 볼 수도 있다. 뿐만 아니라 중국에서는 7~8세기 고대가람에 대한 학술조사 성과가 미미한 실정이지만, 우리나라에서는 경주의 황룡사지, 익산의 미륵사지 등 많은 사지가 조사되어 있어 고대의 목조건축 유구와 신존 건물을 비교해 볼 수 있는 중요한 연구과제를 남기고 있다.

---

8) 拙稿〈益山王宮里 遺蹟의 金堂 復元에 關한 硏究〉1984, 弘益大學校 大學院 碩士學位論文.

2) 중국 당(唐)·송(宋)대 불전의 평면

남선사 대전

남선사 대전

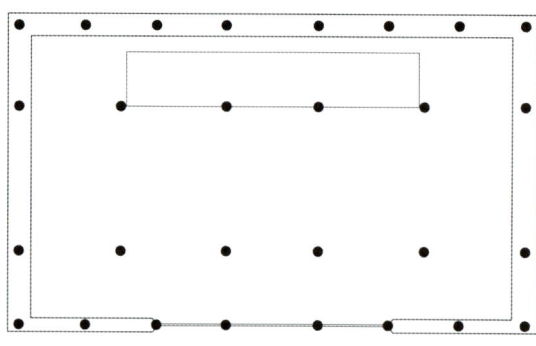
남선사 대전 평면도

오대산의 남선사(南禪寺)는 당 덕종(德宗) 건중 3년(782)에 창건된 사찰이다. 이 건물은 1974년에 해체보수 되었는데 건물의 규모는 정면 3칸, 측면 3칸이다. 정면의 각 칸은(3,380mm+4,990mm+3,380mm)=11,750mm이고, 측면은(3,350mm+3,300mm+3,350mm)=10,000mm로 산정되어 정면과 측면의 비는 약 1.175:1이다. 기단의 외진주열에는 12개의 기둥이 세워졌는데 이들 중 서측의 3개 기둥은 방형이고 나머지 기둥은 모두 원형이다. 기둥은 우주(隅柱)의 모서리 부분만 노출되어 있고 모두 항토장으로 감싸여 있어 그 형태는 보이지 않는다. 복원된 현재의 기단은 정면 14,640mm, 측면 19,080mm로 정면과 측면의 비는 1 : 1.30으로 정면보다 측면이 길게 나타난다. 정면 축부의 어칸은 이분합의 판문과 판벽으로 구성되었고, 협칸은 판벽에 살창을 설치하고 그 하부는 벽체로 처리하였다. 기단의 정면에는 추녀선에서 앞쪽으로 한 단 낮은 월대가 덧달려 넓은 공간이 마련되어 있다.

불광사 대전

화엄종 사찰인 불광사(佛光寺) 대전은 정면 7칸, 측면 4칸으로 정면의 칸은 5,000mm 내외이다. 정면에서는 제일 마지막 양측 협칸에만 살창을 내고 나머지 칸은 모두 판문으로 처리하여 축부는 육중한 느낌을 주게 한다. 정면과 측면의 평면 비례는 약 1.75:1이 된다. 양 측면과 면에서는 우주만 노출되고 나머지 기둥들은 창방하부까지 두껍게 벽체로 마감되어 기둥은 벽체 속에 파묻혀 보이지 않는다. 이

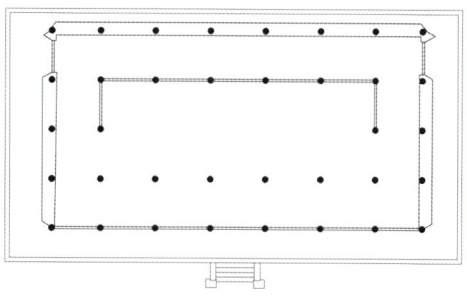
불광사 대전 평면도

건물은 내부의 공간분할과 천장가구의 짜임 그리고 두공의 결구에서 완숙된 조화미를 보여주어 당대건축예술의 극치를 이룬다.

이와 유사한 평면을 보여주고 있는 건물은 천평보자 3년(天平寶字3年: 759)에 건립된 일본 나라(奈良)의

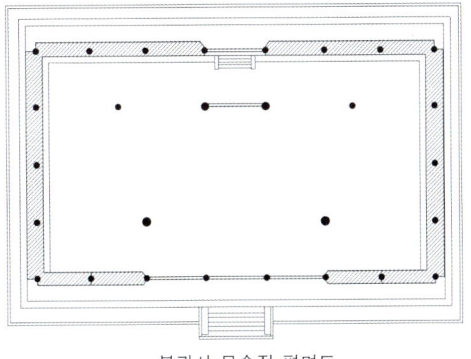
불광사 문수전 평면도

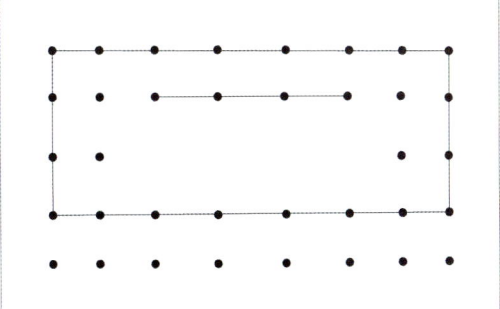
일본 당초제사 금당 평면도

당초제사(唐招提寺)[9] 금당이다. 이 건물은 불광사 대전에 비해 정면의 주칸은 2칸이 많고, 측면 주칸은 4칸으로 동일하다. 정면의 주칸은 (3,400mm×2칸)+(3,860mm×7칸)=3,382cm이고 측면의 주칸은 (3,400mm×4칸)=1,360cm으로 산정되어 정면과 측면의 비는 2.50:1로 나타난다. 이 건물은 법륭사 금당과 함께 일본에 남아 있는 고대 불전 중의 하나이다. 불광사의 동북쪽에 있는 문수전은 금대 천회 15년(天會15年:1137)에 건립되었다. 남향한 건물의 평면규모는 정면 7칸, 측면 4칸이다. 정면의 각 칸은 (4,280mm+4,380mm+4,660mm+4,760mm+4,660mm+4,380mm+4,280mm)=31.40m이고, 측면 칸은(4,460mm+4,400mm+4,400mm+4,460mm)=17.72m로 산정되어 정면과 측면의 비는 1.78:1이다. 외진주열에는 22개의 기둥이 있고, 내부에는 전면에 2개, 후면에 4개의 기둥이 있다. 그리고 후면의 주열 앞쪽에 불단을 설치하였다. 이 건물의 평면에서 보여주는 기둥 배열은 지금까지의 전형적인 기둥 배치에서 벗어나 앞쪽 내진주와 뒤쪽 내진주의 보방향축선이 일직선상에 놓이지 않고 기둥을 생략하거나 이동하는 감주법과 아주법이 동시에 나타나고 있다.

불광사 대전 전경

보국사 대전

절강성 영파에 있는 보국사(保國寺) 대전은 당 광명 원년(光明元年: 880)에 창건되었고 북송 대중 6년(大中 6年: 1013)에 중건되었다. 낮은 기단 위에 놓인 평면의 규모는 정면 3칸(1,183cm), 측면 3칸(1,338cm)으로 측면은 정면에 비해 1.55m가 더 넓다. 이러한 평면의 비례는 이 시기 건물에서 거의 찾아 볼 수 없다. 건물의 내부에는 4개의 내진주가 놓여 있는데 전면 내진주는 다른 기둥에 비하여 굵다. 이 건물에 사용된 16개의 기둥은 모두 과릉형인데 그 세부형태에 따라 금과릉식, 반과릉식, 사분지일과릉식으로 나누어 볼 수 있

---

9) 당에 유학한 진감국사(眞鑑國師)가 창건한 사찰이다.

보국사 대전 전경   보국사 대전 평면도

다.[10] 이러한 형태의 기둥작법은 여러 개의 작은 기둥으로 굵은 기둥의 효과를 낼 수 있어 그 의장적인 특징이 돋보인다. 정면의 차양칸은 후대에 덧 달아낸 부분이다.

봉국사 대전

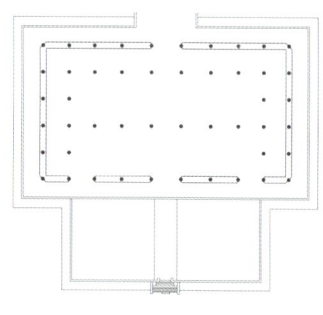

봉국사 대전 평면도   봉국사 전경

요령성 의현에 있는 봉국사(奉國寺) 대전은 개태 9년(開泰 9年:1020)에 창건된 사찰이다. 남향한 대전의 평면 규모는 정면 9칸, 측면 5칸이다. 측면은 (5,030mm + 5,010mm + 5,050mm + 5,010mm + 5,030mm) = 25.13m이며, 정면과 측면의 비는 1.92:1이다. 28개의 외진주가 있으며, 내부에는 4열의 기둥이 놓였다. 앞쪽에서 보아 제1열과 제3열은 6개 기둥을 감주하여 제3열의 주칸에는 각 칸마다 1구씩 대불을 봉안하였고, 그 앞쪽은 예배공간으로 사용된다. 이러한 감주법을 이용한 평면의 변화는 대량의 길이와 깊은 관련이 있으며, 송(宋)의 청당식[11] 가구를 형성하게 된다. 기둥을 받치고 있는 초석은 모두 화문이나 초각 가공이 되지 않은 자연석 초석이고 내부 바닥에는 모두 전돌이 깔려있다.

---

10) 「保國寺」, 浙江撮影出版社, 1996. 4.

11) 봉건 등급제도의 제약에서 전과 당은 형식, 구조상에서 모두 구별이 있다. 전과 당은 건물 입구의 오름 계단에서 비교적 일찍 구별이 있었다. 당은 오직 섬돌만 있고, 전은 섬돌, 계단뿐만 아니라 그 아래에는 하나의 높다란 기단이 있고 큰 장대석으로 상하를 연결하였다. 때문에 전은 가능하게 臺와 榭건축의 발전 중에서 나타난 건축명칭이다. 또 전과 당은 지붕의 형식면에서도 구별이 있는데 唐代에 전의 지붕은 우진각지붕으로 규정했다. 전당식과 확실히 구별되는 것은 내부기둥의 차이에 있는데, 내주는 처마기둥에 비해 높다. 대량(乳栿)과 우미량(扎牽)의 뒤쪽은 기둥에 끼웠는데 기둥의 높낮이가 다르기 때문에 완전한 수평층을 이룰 수 없었다. 영조법식의 등급에 의하면 이러한 건축은 중·소형의 건축에 이용되었으며 그 예로 영파의 보국사 대전을 들 수 있다. 이러한 건물에서 특히 강조되는 부분은 대량(明栿)인데 포작층이 없어짐으로써 대량식의 구조가 특히 발달되었다고 보인다.

화엄사 대웅보전, 박가교장전

산서성 대동에 있는 화엄사(華嚴寺)에는 하화엄사(下華嚴寺)에 박가교장전(薄伽敎藏殿), 상화엄사(上華嚴寺)에 대웅보전이 있다.

상화엄사 대웅보전은 요 청령 8년(淸寧 8年 : 1062)에 건립되었고, 금 천권 3년(天眷 3年 : 1140)에 재건되었다. 낮은 기단의 전면에는 월대가 놓여 있다. 건물의 평면 규모는 정면 9칸, 측면 5칸이다. 정면의 각 칸은(4,340mm + 5,600mm + 5,900mm + 6,650mm + 7,000mm + 6,650mm + 5,900mm + 5,600mm + 4,340mm) = 51.98m이고, 측면은(4,340mm + 5,580mm + 4,000mm + 5,580mm + 4,340mm) = 23.84m로 산정되어 정면과 측면의 비는 약 2:1이다. 출입을 위해 정면은 3칸만 개방되었고 나머지는 모두 벽체로 구성되었다. 건물의 내부에는 4열의 기둥이 기본을 이루는데 제1열과 2열, 제3열과 4열 가운데 칸에 전·후 기둥열을 배치하여 후면 주열 앞쪽에는 비교적 큰 공간의 불단을 만들어 5구의 불상을 봉안하였다.

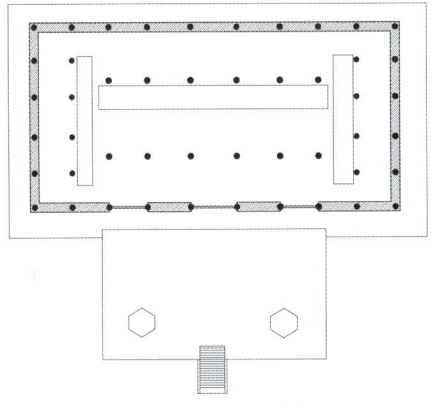

상화엄사 대웅보전 평면도

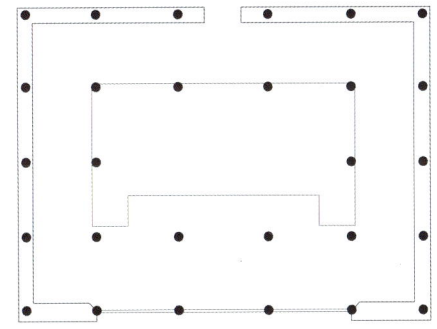

하화엄사 박가교장전 평면도

박가교장전은 요(遼) 중희 7년(重熙 7年 : 1038)에 건립되었으며, 기단은 약 4m 높이의 전축으로 쌓았고 그 전면에는 월대가 놓여있다. 건물의 평면 규모는 정면 5칸(25.65m), 측면 4칸(18.47m)으로 정면과 측면의 비는 1.39:1이다. 정면 3칸만 개방시키고 나머지 벽은 모두 전돌로 쌓아 우주(隅柱)의 일부만 보인다. 건물 내부의 사방 벽에는 경판을 보관하기 위하여 총 38간의 중층누각형 벽장을 만들어 놓았다. 이 벽장은 상·하층 사이에는 난간을 설

하화엄사 박가교장전 내부

치하였으며 모두 지붕을 올렸다. 건물의 중앙에는 비교적 큰 공간의 불단을 만들어 3구의 불상을 봉안하였는데, 불상 위로는 영파의 보국사 대전에서처럼 궁륭형의 천장을 설치하였다. 이 대전의 명칭이 박가교장전인 것은 석가세존의 경장(經藏)이란 뜻으로 박가범(Bhagarat)의 약어이며 세존의 범명을 음역한 것이다. 건물 내부에는 전돌이 깔려 있다.

선화사 대웅보전

산서성 대동시에 있는 선화사 대웅보전은 정확한 창건 연대는 알 수 없으나 건물에 남아 있는 세부 기법으로 미루어 보아 11세기에 건립된 건물로 추정하고 있다. 건물의 평면 규모는 정면 7칸 (40.54m), 측면 5칸(24.95m) 으로 정면과 측면의 비는 1.63 : 1 이다. 평면을 보면 정면의 어칸과 협칸에만 판문을 달아 개방하고 나머지 벽은 모두 벽체로 쌓아 우주(隅柱)의 일부만 보인다. 건물 내부에는 4열의 기둥을 배치하였으며, 제 1열과 제 3열은 양쪽으로 2개의 기둥만 배치하고, 제 3열의 빈 공간에 비교적 큰 불단을 만들어 각 주칸에 1구씩 5구의 불상을 봉안하였다. 불상 위로는 하화엄사 박가교장전과 같이 궁륭형의 천장을 설치하였다. 선화사 대웅보전의 평면은 전술한 봉국사 대전과 같은 형식이다.

선화사 대웅보전

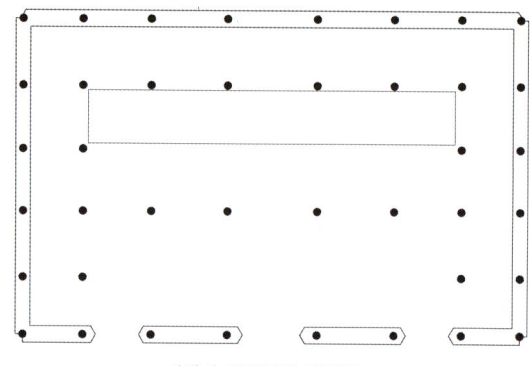

선화사 대웅보전 평면도

융흥사 마니전

하북성 정정에 있는 융흥사 마니전은 북송 황우 4년(皇祐 4年: 1052)에 창건되었으며, 건물은 아(亞)자형의 특이한 평면을 하고 있다.

융흥사 마니전

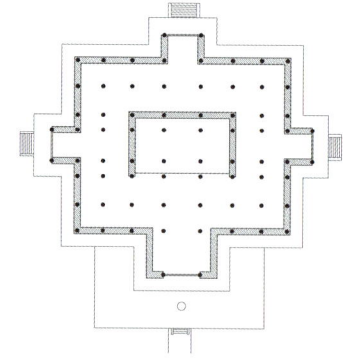

용흥사 마니전 평면도

건물의 평면 규모는 정면 7칸(35m), 측면 5칸(28m)으로 정면과 측면의 비는 1.25:1이다. 평면을 보면, 사방의 어칸을 앞쪽으로 돌출시켜 출입문을 달았는데 남측에서는 어칸과 협칸에도 출입을 위한 문을 달았다.

그리고 사방으로는 두터운 벽체를 쌓아 기둥이 보이지 않는다. 건물의 내부에는 6열의 기둥을 배치하고 중앙에 불단을 만들었다.

숭복사 미타전

산서성 삭주에 있는 숭복사(崇福寺) 미타전은 이 가람의 본전이다. 이 건물은 금 황통 3년(皇統 3年:1143)에 창건되었다. 가람의 뒤편에 위치한 이 건물의 평면 규모는 정면 7칸, 측면 4칸이다. 정면은

숭복사 미타전

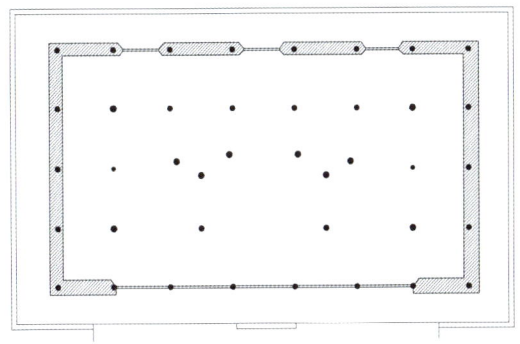

숭복사 미타전 평면도

(5,760mm + 5,600mm + 6,200mm + 6,200mm + 6,200mm + 5,600mm + 5,760mm) = 41.32m이고, 측면은 (5,750mm + 5,600mm + 5,600mm + 5,750mm) = 22.70m로 산정되어 정면과 측면의 비는 약 1.82 : 1이다. 정면인 남측 5칸과 배면의 3칸에 문이 있으며 나머지는 모두 벽체로 구성되었다. 건물의 내부에는 3열의 기둥이 기본을 이루는데 제 2열의 가운데 기둥 2개를 감주하였고 제3열 전면에 불단을 배치하여 3구의 불상을 봉안하였다. 기단의 전면에는 비교적 높은 월대가 놓였다.

소림사 초조암

하남성 등봉현에 있는 소림사(少林寺) 초조암은 소림사 본찰에서 서북쪽으로 2km 떨어진 산구릉에 위치하고 있으며 선종의 창시자인 달마대사(達磨大師)가 면벽수도를 했던 곳으로 유명하다.

암자의 전체사역은 남북 75m, 동서 35m로 소규모이다. 초조암은 송 선화 7년(宣和 7年:1125)에 창건되어 수차례 수리를 거쳤지만 원형을 잘 간직하고 있는 건물이다. 건물의 규모는 정면 3칸, 측면 3칸으로 정면은 (3,470mm + 4,200mm + 3,470mm) = 11.14m 이고, 측면은 (3,470mm + 3,760mm + 3,470mm) = 10.70m로 산정되어 정면과 측면의 비는 약 1:1이다. 외부에 12개의 기둥이 있으며 내부에 4개의 기둥이 있고, 기둥 사이에 불단을 설치하였다. 외부 12개 기둥 중 8개의 기둥은 팔각의 석주이고, 산장 내에 있는 4개의 기둥은 방형이다. 외부 8개의 팔각기둥에는 동자상(童子像), 초화문(草花紋) 등 화려한 문양이 조

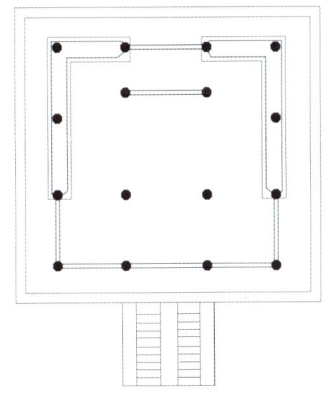

소림사 초조암 평면도

각되어 있는데 이 건물에 남아 있는 세부수법에서 『영조법식』이 규정한 여러 제도들을 찾아볼 수 있으며 이 건물 내의 부공간에서 이주법이 나타난다.

연복사 대전

절강성 무의에 있는 연복사(延福寺) 대전은 원(元) 연우 4년(延祐 4年:1317)에 건립된 이 지방에 남아있는 원대 불전의 대표적인 예이다.

대전의 평면 규모는 정면 3칸(8.51m), 측면 3칸(8.61m)으로 측면이 0.1m 더 크게 나타나는데 이러한 평면은 보국사 대전과 비슷하다. 평면 계획에서는 정면과 측면에서 모두 어칸이 크게 나타나고 전·후면 어칸으로 출입문을 두었다. 이렇게 뒤쪽으로 출입문이 있는 시기의 건물로는 보국사 대전이 있다. 배면의 출입시설은 대전을 참배하고 곧바로 대전 뒤쪽의 동선과 연결될 수 있다는 의미를 가지고 있을 뿐만 아니라, 불단 뒷벽에 불상을 모시는 공간이 있어 불교의식에도 변화가 있었던 것으로 보인다.

건물내부에는 모두 16개의 기둥이 놓였는데 중앙의 어칸에 맞추어 ㄷ자형의 불단을 설치하였다.

연복사 전경

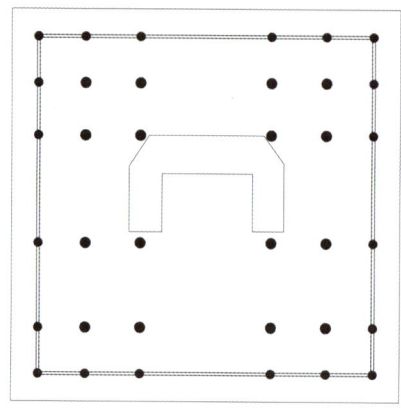

연복사 대전 평면도

3) 현존하는 한국 사찰 불전의 평면

우리나라에 현존하는 대다수 사찰들은 승려들이 당에서 유학을 마치고 돌아와 창건한 것으로 7~8세기에 집중되어 있다. 통일신라 이후 이들이 주도한 선법을 가장 먼저 전해온 승려는 법랑(法朗, 507~581)이다. 그러나 신라에 선사상이 일반적으로 알려지고 실제로 영향을 미치게 된 것은 제41대 헌덕 13년(憲德 13年: 821) 당에서 돌아온 도의(道義)와 제42대 흥덕(興德, 826~836), 초기에 귀국한 홍척(洪陟)[12]에 의해 중국 혜능(慧能) 계통의 남종선이 전해진 이후이다. 그후 신라는 당에서 귀국하는 선승들에 의해 산문이 계속 개창되면서 점차 불교계에 새로운 계통을 형성해 갔고 권력자들의 지지를 받게 되었다.

이러한 선사상과 더불어 고려전기에는 화엄(華嚴), 유가(瑜伽), 밀교(密敎), 계율(戒律) 등 신라의 전통적인 교학들이 그대로 계승되었다. 그 가운데 화엄과 유가가 성행하였고 특히 균여(均如, 923~973), 의천(義天, 1055~1101) 등에 의한 화엄학은 고려 전기의 교학을 주도하였다. 고려 전기에 불교에서 획기적인 사실은 대각국사(大覺國師) 의천에 의해 천태종(天台宗)이 개창되었다는 것이다. 대각국사는 문종(文宗, 1046~1083)의 넷째 왕자로 태어나 11세에 자원 출가하여 30세에 송으로 건너가 1년 뒤 귀국하여 천태교학을 널리 펴기 시작하였다. 천태종은 숙종 2년(肅宗2年: 1097) 의천이 국청사(國淸寺)를 짓고 이 절에서 천태교학을 강의함에 따라 하나의 교학을 이루게 되었다.[13] 대각국사비(大覺國師碑)는 북한 개성에 있는 영통사(靈通寺)에 보관되어 있는데 1125년(인종 3)에 세워졌다. 국청사의 개창은 중국 절강성의 국청사를 본받은 것이며 의천은 이곳에서 천태교학을 학습하였다. 그러나 이 시기에도 몇몇 고승들은 선문을 지키고 있었는데 예종(睿宗)대의 문신 이자현(李資玄)은 강원도 춘천의 청평사[14]에서 『능엄경(楞嚴經)』에 의한 선법을 펴기도 했다.

바로 이 시기 선법을 결정적으로 부흥시킨 승려는 보조국사[15] 지눌(知訥, 1158~1210)이다. 의천이 천태종을 개창하여 교선합일(敎禪合一)을 시도했다면 지눌은 선교일치(禪敎一致)를 표방했다고 할 수 있다. 한반도에서 이때의 가람은 이미 심산유곡(深山幽谷)으로 들어가 산지가람의 전형을 이룬 시기이기도 하다.

조선시대로 들어오면 조정의 숭유억불(崇儒抑佛) 정책이 본격적으로 시행되어 불교는 엄청난 타격을 입게된다. 즉 태종(太宗, 1400~1418)은 불교의 종파를 11종에서 7종으로 통합하여 전국에 242개 사찰만을 공인하고 사원의 토지와 노비를 대폭적으로 몰수하였다. 그리고 각 사원에 거주할 승려의 수를 정하여 나머지 승려는 강제 환속을 실시하였으며 국사 및 왕사제도를 폐지하였다. 그리고 세종(世宗, 1418~1450)은 다시 7종을 선교양종으로 폐합하고 사원의 수를 36개, 승려수 3770명, 급여전 7950결로 불교교단의 활동 및 생활기반을 대폭적으로 삭감하였다. 뿐만 아니라 도승제(度僧制)의 엄격한 규정과 연소자의 출가금지, 지방 승려의 도성출

---

12) 國師의 碑는 全北 南原의 實相寺에 있다. 九山禪門의 實相寺派를 형성하였다. 실상사는 한반도 산지가람의 시초가 된다.

13) 李奉春『佛敎의 歷史』, 民族社, p.134, 1998, 韓國.

14) 淸平寺에는 李資玄의 〈文殊院 重修碑〉와 元의 皇室과 관련된 〈泰定王后文殊院施藏經碑〉 등의 유적이 남아있고 元의 공주와 관련된 說話가 전해져 내려온다.

15) 普照國師의 碑는 九山禪門의 하나인 全南 長興의 寶林寺에 있다.

입금지, 부녀자의 사찰 출입금지, 내불당의 철폐 등 가혹한 조치를 취하였다.

따라서 이때의 사원은 정치적인 문제와 경제적인 문제가 겹쳐 그 규모가 현저하게 축소되거나 철폐되어 그 명맥만 이어져 내려왔다고 할 수 있다.

그리고 선조 25년(宣祖 25年: 1592)에 일본이 일으킨 임진왜란은 그나마 보존되어 오던 수많은 목조건물들을 소실시켜 한반도에서는 13세기 이전의 목조건축을 볼 수 없는 불운을 맞게 되었으며, 봉정사, 부석사, 수덕사 등은 임진왜란의 병화를 면한 것들이다.

봉정사

경북 안동의 봉정사(鳳停寺)는 7세기 후반 당에서 유학을 마치고 돌아온 의상대사(義湘大師)에 의해 창건되었다. 가람의 서쪽구역에 위치한 극락전(極樂殿)은 1972년 해체수리 하였는데 이때 종도리 하부에서 한지에 지정 23년(至正 23年:1363)에 옥개부를 수리했다는 명문[16]이 발견되었다. 목조건물은 초창에서 옥개를 완전보수하기까지의 주기가 보통 150년 정도로 보기 때문에, 이 기록으로 미루어 보면 이 건물의 초창은 13세기 혹은 12세기로 거슬러 올라 갈 수 있다고 보고 있다.

봉정사 극락전

극락전의 평면 규모는 정면 3칸, 측면 4칸이다. 정면의 어칸은 (12.10척+14.30척+12.10척)=38.50척이고, 측면은 (5.0척+6.50척+6.50척+5.0척)=23.20척으로 산정되어 정면과 측면의 비는 약 1.53:1이다. 외진주는 14개이며, 내부에는 2개의 기둥이 놓여 그 전면에 불단을 설치하였다. 정면에서는

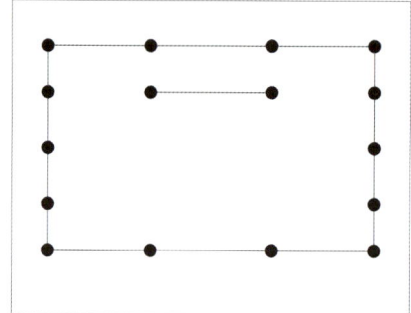

봉정사 극락전 평면도

어칸이 넓어져 등간격으로 계획되던 삼국시대의 평면 주간 배치법에서 변화를 가져오고 있다. 측면의 중앙에는 고주를 놓고 그 양측으로 2개씩의 기둥을 세워 측면칸수는 정면에 비해 1칸이 더 많은 4칸이 되었다. 주초는 모두 가공이 되지 않은 자연석 주초가 놓였고 내부 바닥에는 모두 전돌이 깔려있다.

봉정사 대웅전(鳳停寺 大雄殿)은 일반적으로 조선 초기 건물로 인정하고 있으나 옥개하부에서 발견된 첨차, 소로 등의 부재는 고려시대 건물로 분류하고 있는 극락전과 비슷한 형태를 보여주고 있다. 봉정사 대웅전의 평면 규모는 정면3칸, 측면3칸이다. 정면은(14.5척+15.5척+ 14.5척) = 44.5척이고 측면은(9.5척+9.5척

---

16) 至正二十三年癸卯三月 日 改盖重修 施主 中郞將 李探...... 中略

봉정사 대웅전

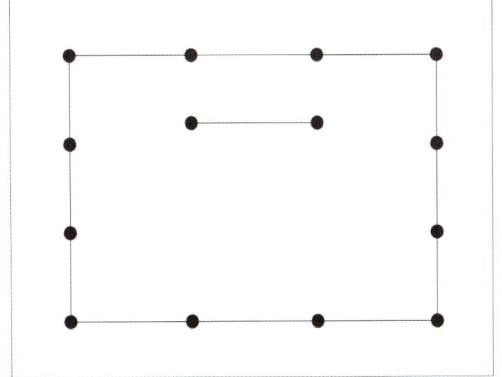
봉정사 대웅전 평면도

+9.5척)=28.5척으로 산정되어 정면과 측면의 비는 약 1.56:1이 된다. 그러나 후대에 건물의 앞쪽으로 덧달아 낸 반칸(6.4尺)의 마루가 있어 실제 건물의 깊이는 더 깊다. 기단 위에는 외진주열에 12개의 기둥이 놓이고 측면 중앙칸 주열의 뒤쪽에 2개의 불벽기둥을 세워 불단을 놓았다.

부석사

경북 영주에 있는 부석사 무량수전(浮石寺 無量壽殿)은 1916년 해체 수리시 발견된 『봉황산부석사개연기(鳳凰山浮石寺改椽記)』에 홍무 9년(洪武9年:1376) 원융국사(圓融國師)가 중수한 기록이 보인다. 원융국사는 고려 광종과 문종(964~1053)년간의 승려로 이 기록은 동명의 승려이거나 오기로 보인다. 지금 사찰 내에는 문종 8년(1054)에 세운 원융국사비(圓融國師碑)가 있다.

부석사 무량수전

무량수전 전각의 평면 규모는 정면 5칸, 측면3칸이다. 정면은(10.10척+13.90척+13.90척+13.90척+10.10척)=61.90척이고, 측면은 (10.10척+18.0척+10.10척) = 23.00척으로 산정되어 정면과 측면의 비는 약 1.62:1이다. 기단 위에는 외진주열 16개, 내진주열 8개가 놓였는데 동측면 방향으로 불단을 설치하였다. 정면에서는 어칸과 협칸의 주간이 동일하고 퇴칸의 주간은 좁아졌다. 측면

부석사 조사당

에서는 어칸이 18척으로 넓어지고 있는데 이러한 평면 변화는 결국 내부공간을 넓게 사용하기 위한 계획의 발전으로 보인다. 이러한 기둥의 배치는 상부가구에서 송식의 청당식가구를 형성하게 된다.

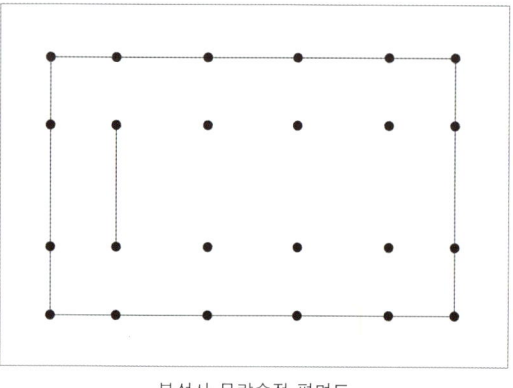
부석사 무량수전 평면도

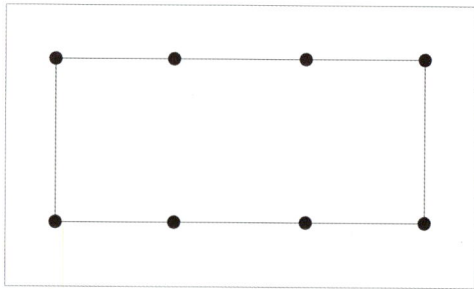
부석사 조사당 평면도

무량수전의 오른쪽 언덕 위에 있는 조사당은 일제 해체수리시 발견된 묵서명에 나타난 홍무 7년(洪武 7年:1377)에 중건된 것으로 보인다.

조사당의 평면 규모는 정면 3칸, 측면 1칸이다. 정면의 어칸은(9.90척＋10.90척＋9.90척) = 30.70척이고, 측면은 13.20척으로 산정되어 정면과 측면의 비는 약 2.32:1이다. 기단 위에는 8개의 기둥이 있고, 내부에는 이 사찰의 창건과 관련이 있는 의상대사의 영정이 모셔져 있다. 이 시기에 건립된 조사당으로서는 제일 오래된 건물이다. 기둥을 받치고 있는 초석은 모두 가공이 되지 않은 자연석 주초이고, 내부 바닥에는 모두 전돌이 깔려 있다.

수덕사

충남 예산의 수덕사 대웅전(修德寺 大雄殿)은 1937년부터 3년 동안 해체수리하였는데 이때 발견된 묵서명[17]에 의하여 원 지대 원년(至大 元年:1308)에 창건된 것으로 확인되었다.

수덕사 대웅전의 평면 규모는 정면 3칸, 측면 4칸이다. 정면은 (15.65척＋15.45척＋15.65척)=46.75척이고, 측면은(8.95척＋8.83척＋8.83척＋8.95척)=35.56척으로 산정되어 정면과 측면

수덕사 대웅전

의 비는 약 1.31:1이다. 외진주는 14개, 내진주는 4개가 놓였는데 불단은 중앙의 뒤쪽에 설치되었다. 정면에서는 어칸과 협칸의 주간이 동일하고 측면에서는 주간이 거의 동일하다. 내부에서 측면의 중앙기둥이 생략되어 내부공간은 넓어졌는데 이때는 이미 감주법이 일반화된 시기로 보인다. 기둥을 받치고 있는 초석은 가공이 되

---

17) 至大元年戊申四月廿四日 修德寺造成象目抄記 大棟梁 ……

지 않은 자연주초와 그 위에 주좌를 도드라지게 새긴 형태가 혼용되었다. 현재 건물의 내부바닥에는 모두 마루판이 깔려 있는데 원래는 전돌이 깔려있었던 것으로 생각된다.

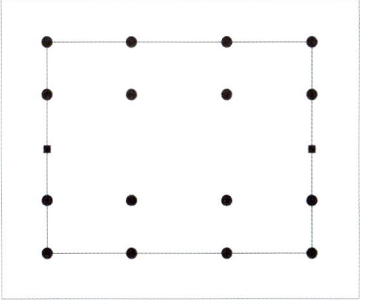

수덕사 대웅전 평면도

은해사 거조암 영산전

경북 영천에 있는 은해사 거조암 영산전(銀海寺 居祖庵 靈山殿)은 조선 영조(英祖) 30년 중수시 발견된 명문[18]에 의하여 고려 우왕 1년(禑王 1年: 1375)에 건립된 건물로 보인다.

은해사 거조암 영산전의 평면 규모는 정면 7칸, 측면 3칸이다. 정면은(16.6척+14.4척×6칸)= 103척이고 측면은(9.0척+16.6척+9.0척)= 34.6척으로 산정되어 정면과 측면의 비는 약 3:1이다. 기단 위에는 외진주 20개, 내진주 12개가 놓였다. 불단은 내부의 정중앙에 설치되었고 불단의 앞쪽에만 마루를 깔았는데 이 마루는 후대에 증설된 것이다. 정면과 측면에서 어칸의 주간을 협칸보다 크게 잡았는데 이러한 주간 계획은 건물내부의 가운데 공간을 넓게 사용하기 위한 계획적인 면이 강조된 것이다. 이 건물의 평면은 북한에 남아있는 성불사 응진전과 함께 한반도에 현존하는 불전 중에서 정면의 길이가 제일 긴 유형에 속한다. 기둥을 받치고 있는 초석은 가공이 되지 않은 자연주초이다. 현재 건물의 내부 바닥에는 불단 앞을 제외하고 모두 전돌이 깔려 있다.

은해사 거조암 영산전

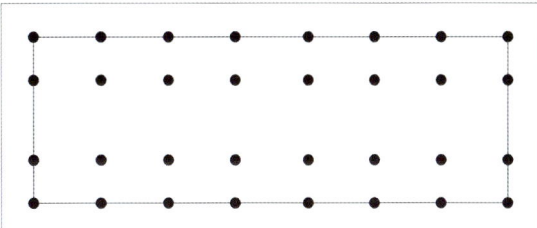

은해사 거조암 영산전 평면도

성불사

북한 황해북도에 있는 성불사 응진전(成佛寺 應眞殿)은 고려 충숙 14년(忠肅 14年: 1374)에 지어진 건물이다. 정남향한 극락전과 함께 한반도에 남아있는 고려시대 건물로 매우 중요한 위치를 차지하고 있다.

성불사 응진전의 평면 규모는 정면 7칸(75척), 측면 4칸(22척)이다. 주간의 정확한 수치는 확인할 수 없지만

---

18) ...... 重修時開樑視之則洪武八年建立乾隆拾玖年甲戌重補今戊戌重修南四間......

정면은 10.7척, 측면은 5.5척으로 동일하게 계획되었는데 정면과 측면의 비는 약 3.4:1로 나타난다. 기단 위에는 외진주 20개, 내진주 6개를 놓아 평면을 구성하였고, 그 중앙에 불단을 놓아 그 양쪽으로 협칸의 주열에 맞추어 그 중앙에 2개의 기둥을 세웠다. 이러한 내부 기둥의 배치는 삼

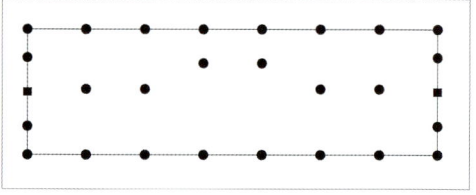

성불사 응진전 평면도

국시대의 전형적인 기둥 배치에서 한 단계 발전된 형태로 보인다. 따라서 이러한 감주법의 영향으로 내부의 상부가구 어칸의 대량 길이는 협칸의 대량보다 1.5배 정도 길다. 이 건물의 평면은 은해사거조암영산전과 함께 한반도에 현존하는 불전 중에서 주간이 제일 긴 유형에 속한다. 기둥을 받치고 있는 초석은 가공이 되지 않은 자연주초이다. 현재 건물의 내부 바닥에는 모두 전돌이 깔려 있다.

이 건물의 북측에 있는 극락전(極樂殿)은 고려 공민왕 23년(1374)에 지어진 건물로 조선 중종 25년(1530)과 인조 22년(1644)에 수리를 거치면서 전면에 마루를 덧달아 낸 것으로 판단된다.

극락전의 평면 규모는 정면 3칸(12.92척+14.30척+ 12.93척)=40.15척, 측면은 전·후퇴가 있는 3칸(6.1척+10.92척+10.92척)=27.94척이다. 정면의 어칸은 협칸에 비해 4.82척 넓고, 정면과 측면의 비는 약 1.43:1로 나타난다. 기단 위에는 외진주 10개가 놓이고 내부에는 기둥이 배치되지 않았다. 따라서 전·후면 어칸 기둥 위에 놓인 대량의 길이는 타 건물에 비해 매우 길어 6.6m에 이른다. 그리고 이 건물의 내부에는 불단이 놓이긴 했지만 불단 뒤의 양측에는 기둥이 놓이지 않았다. 이러한 기둥의 배치는 삼국시대의 전형적인 격자형 기둥 배치에서 더욱 발전된 형태이다. 기둥을 받치고 있는 초석은 가공이 되지 않은 자연주초이다. 현재 건물의 내부 바닥에는 모두 전돌이 깔려있다.

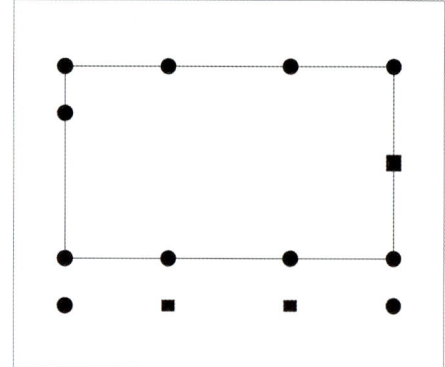

성불사 극락전 평면도

심원사

황해북도 연탄에 있는 심원사 보광전(心源寺 普光殿)은 사적비에 고려 공민왕 23년(1374)에 수리했다는 기록이 있어 이 건물은 고려 때 중건된 것으로 보인다. 보광전의 평면 규모는 정면 3칸(12.25척+12.20척+12.25척)=36.5척, 측면 3칸(6.47척+11.90척+6.47척)=24.84척이다. 정면의 어칸은 동일한 척도로 계획되었는데 측면에서는 중앙주간이 넓다. 정면과 측면의 비는 약 1.46:1로 나타나고, 기단 위에는

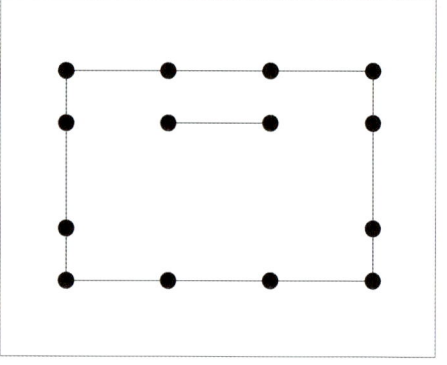

심원사 보광전 평면도

외진주 12개가 배열되었다. 내부에서는 측면의 뒤쪽 어칸 주열에 맞춰 2개의 내주가 놓이고 그 앞쪽에 불단을 배치하였다. 내부공간에서 이러한 내주의 배치는 삼국시대의 전형적인 기둥 배치에서 감주법이 더욱 발전된 형태이다. 그리고 내주의 배치는 조선시대로 들어오면서 측면의 중앙칸 기둥열에 맞추지 않고 정면 3칸, 측면 3칸의 전형적인 평면형태로 발전한다. 이러한 바닥재료의 변형은 그 이후 불교의식과도 깊은 관계가 있었던 것으로 보인다. 이 마루는 현재 한반도의 불전 중에 설치된 마루 중에서 제일 오래된 것으로 볼 수 있다.

고산사

충남 홍성에 있는 고산사 대웅전(高山寺 大雄殿)은 그 창건 기록을 정확히 밝힐 수 없으나 건물에 남아있는 여러가지 기법에서 고식의 수법들이 보이고 있어 이 건물은 적어도 고려전기 이전에 지어진 것으로 보인다.

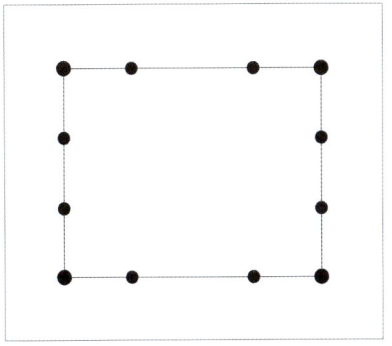

고산사 대웅전 평면도

대웅전의 평면 규모는 정면 3칸, 측면 3칸이다. 정면은 (5.50척 +10.00척+5.50척)=21.00척이고 측면은 (5.50척+5.50척+5.50척)=16.5척로 산정되어 정면과 측면의 비는 약 1.62:1이다. 기단 위에는 외진주열에만 10개의 기둥이 놓이고 내부에는 기둥이 없다. 불단은 어칸의 중앙 뒤쪽에 놓였는데 비교적 큰 공간을 차지하고 있다. 어칸의 주간 계획은 5.5척을 기준으로 하여 정면에서만 그 2배가 되는 10척이 되었다. 전·후면을 가로지르는 대량은 내부에 고주가 없으므로 양측 어칸 위에 놓였는데 그 길이가 16.5척이다. 건물의 규모에 비해 기둥의 직경이 큰 편이다.

무위사

무위사 극락전

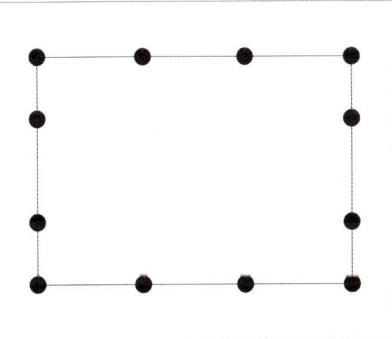

무위사 극락전 평면도

전남 강진에 있는 무위사 극락전(無爲寺 極樂殿)은 지금까지 발견된 벽화의 명문과 1983년 해체수리시 종도리 하부에서 발견된 명문에 의하여 조선 세종 12년(1430)에 건립된 것으로 추정된다. 그러나 사적비에 기재된 사찰의 창건기록과 비교해 볼 때 그 상한연대는 올라갈 수도 있다.

극락전의 평면 규모는 정면 3칸, 측면 3칸이다. 정면은(13.00척+12.00척+13.00척)=36.00척이고 측면은 (7.00척+12.00척+7.00척)=26.0척으로 산정되어 정면과 측면의 비는 약 1.46:1이다. 기단 위에는 외진주열에만 10개의 기둥이 놓이고 내부에는 기둥이 없다. 불단은 어칸의 중앙 뒤에 놓였는데 비교적 큰 공간을 차지하고 있다. 어칸의 주간 계획에서는 정면의 어칸이 협칸에 비해 1척 정도가 작은 12척인데 측면의 중앙칸과 같은 수치를 보인다. 전·후면을 가로지르는 대량은 어칸에 놓였는데 그 길이가 26.0척(약 8m)이다. 1950년대까지도 이 건물내부에는 전돌이 깔려있었으나 지금은 마루로 변했다.

개심사

개심사 대웅전

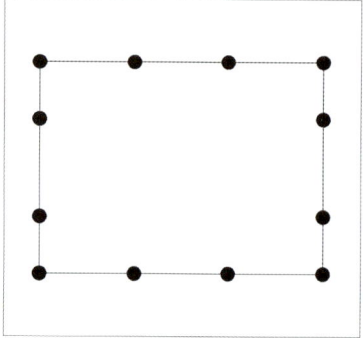
개심사 대웅전 평면도

충남 서산에 있는 개심사 대웅전(開心寺 大雄殿)은 1941년 해체수리시 발견된 명문[19]에 의하여 조선 성종15년(1484)에 중창된 건물로 보고 있다.

개심사 대웅전의 평면 규모는 정면3칸, 측면3칸이다. 정면은(12.0척+12.0척+12.0척)=36척이고 측면은 (7.0척+12.0척+7.0척)=26.0척으로 산정되어 정면과 측면의 비는 약 1.38:1이다. 기단 위에는 외진주열에 12개의 기둥이 놓였다. 불단은 내부의 정중앙 뒤에 설치되었고 내부에는 모두 마루가 깔렸다. 정면의 각 칸과 측면 중앙칸의 주간은 모두 12척으로 계획되었다. 건물내부에는 기둥이 놓이지 않아 건물을 가로지르는 대량은 전후 어칸 위에 놓여 26척이나 된다. 조선 초기의 건물은 이 건물과 같이 내부에 기둥을 두지 않는 평면 형태를 보이지만 조선 중기로 들어가면 대부분 불단 뒤에 불벽고주가 놓인다.

환성사

경북 경산에 있는 환성사 대웅전(環城寺 大雄殿)은 조선 인조13년(1635)에 중창한 것으로 전해온다. 전각의 평면 규모는 정면 5칸, 측면 4칸이다. 정면은(7.8척 × 5칸) = 39.0척이고 측면은(7.8척 × 4칸)=31.2척으로 산정되어 정면과 측면의 비는 약 1.25:1이 된다. 기단 위에는 외진주열에 18개의 기둥이 놓이고, 건물내부 뒤쪽

---

19) 成化二十年甲辰六月二十日瑞山地象王山開心重創大木……

에 4개의 불벽기둥을 세워 그 앞쪽에 불단을 배치하였고 내부에는 모두 마루를 깔았다. 건물의 각 칸을 모두 7.8척으로 계획하여 주칸의 통일성을 가지고 있다.

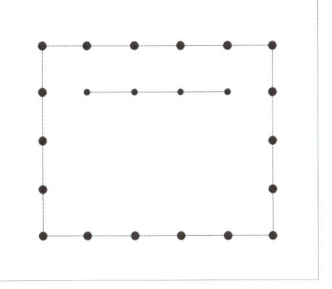

환성사 대웅전 평면도

관룡사

경남 창녕의 관룡사 대웅전(觀龍寺 大雄殿)은 조선 만력정사(萬歷丁巳: 1617)에 중건된 건물로 전해져 내려온다. 전각의 평면 규모는 정면 3칸, 측면 3칸이

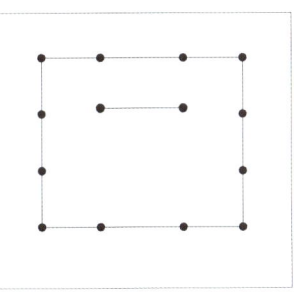

관룡사 대웅전 평면도   관룡사 대웅전

다. 정면은(8.88척 + 12.42척 + 8.88척) = 30.18척이고, 측면은(8.25척 × 3칸) = 24.75척으로 산정되어 정면과 측면의 비는 약 1.21:1이 된다. 기단 위에는 외진주열에 12개의 기둥이 놓이고 건물 내부 뒤쪽에 2개의 불벽기둥을 세워 불단을 배치하였는데 내부에는 모두 마루를 깔았다. 건물의 주간 계획에서 정면의 어칸을 협칸에 비해 약 3.5척 크게 하였고 측면의 각 칸은 8.25척으로 동일한 수치를 보인다.

율곡사

경남 창녕에 있는 율곡사 대웅전(栗谷寺 大雄殿)은 조선 숙종 5년(1679)에 중건된 건물로 전해져 내려온다. 대웅전의 평면 규모는 정면 3칸, 측면 3칸이다. 정면은(11.28척+12.32척+11.28척)=34.88척이고, 측면은(7.22척+8.21척+7.22척)=22.67척으로 산정되어 정면과 측면의 비는 약 1.53:1이 된다. 기단 위에는 외진주열에 12개의 기둥이 놓이고, 건물 내부 뒤쪽에 2개의 불벽기둥을 세워 불단을 배치하였고, 내부에는 모두 마루를 깔았다. 건물의 주칸 계획을 보면 정면과 측면의 어칸을 협칸에 비해 약 1.0척 크게 하였다.

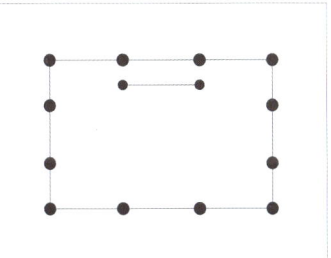

율곡사 대웅전 평면도

불갑사

전남 영암의 불갑사 대웅전(佛甲寺 大雄殿)은 창건 후 수차례 수리를 거친 것으로 보이며 현재의 건물은 조선 광해군(1608~1623) 때에 재건된 것으로 보인다. "佛甲"(불갑)이란 명칭은 이 지역에 불교가 처음 당도하였다는 의미로 간지의 첫 번째인 "甲"(갑)을 사용하였다고 한다.

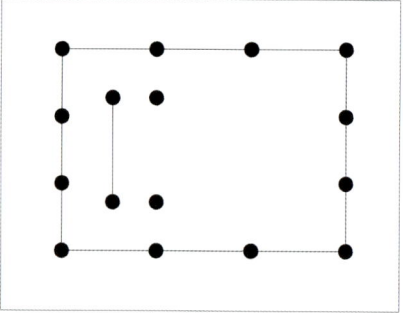

불갑사 대웅전 평면도

대웅전의 평면 규모는 정면 3칸, 측면 3칸이다. 정면은 (12.27척+12.24척+12.27척)=36.78척이고, 측면은(8.11척+8.21척+8.21척)=24.53척으로 산정되어 정면과 측면의 비는 약 1.50:1이 된다. 기단 위에는 외진주열에 12개의 기둥이 놓였는데 우주의 직경은 평주에 비해 비교적 큰 편이다. 건물 내부에서는 정면의 협칸 주열에 맞추어 2개의 기둥을 세우고 그 뒤에도 2개의 내주를 세워 불단을 형성하였다. 따라서 건물의 주 출입 동선은 가람의 축선에 맞추어 정면은 서향하였지만 불상은 측면방향으로 남향하였다. 때문에 정면인 동측과 남측에는 모두 창호가 있어 개방성이 강조되어 있다. 건물 내부에서 불상이 건물의 정면축을 향하지 않고 측면축을 향한 배치수법은 고려시대 건물인 부석사 무량수전과 동일하다.

위봉사

전북 완주의 위봉사 보광명전(威鳳寺 普光明殿)은 조선 숙종 1년(1675)에 기와공사를 한 기록이 보이므로 현재의 건물은 조선 중기 이전으로 보인다.

보광명전의 평면 규모는 정면 3칸, 측면 3칸이다. 정면은 (12.41척+12.41척+12.41척)=37.23척이고 측면은(6.75척+12.89척+6.75척)=26.39척으로 산정되어 정면과 측면의 비는 약 1.41:1이 된다. 기단 위에는 외진주열에 12개의 기둥이 놓이고, 건물 내부 뒤쪽에 2개의 불벽기둥을 세워 불단을 배치하였다. 건물의 주간은 정면에서는 동일하고, 측면에서는 어칸이 측면 협칸의 약 2배가 되었다.

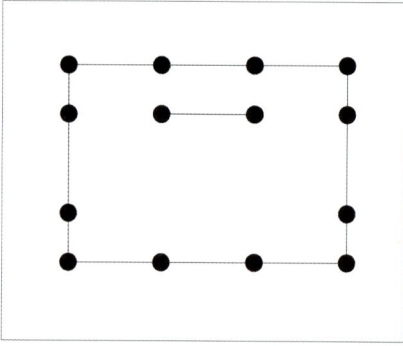

위봉사 보광명전 평면도

개암사

전북 부안의 개암사 대웅전(開巖寺 大雄殿)은 조선 인조 14년(1636) 계호대사(戒浩大師)가 중건한 기록이 보이므로 현재의 건물은 조선중기 이전으로 보인다. 대웅전의 평면 규모는 정면 3칸, 측면 3칸이다. 정면은 (12.37척+14.37척+12.37척)=39.11척이고, 측면은(8.27척+9.20척+8.2척)=25.74척으로 산정되어 정면과 측면의 비는 약 1.52:1이 된다. 기단 위에는 외진주열에 12개의 기둥이 놓이고 건물 내부 뒤쪽에 2개의 불벽주를 세워 불단을 배치하였다.

개암사 전경

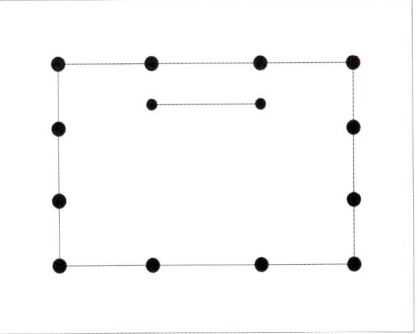

개암사 대웅전 평면도

화암사

전북 완주에 있는 화암사 극락전(花巖寺 極樂殿)은 그 창건 연대가 백제로 거슬러 올라가지만 현재의 건물은 묵서명에 의하여 조선 선조 33년(1600)에 중건된 것으로 보인다.

극락전의 평면 규모는 정면 3칸, 측면 3칸이다. 정면은 (10.00척 + 12.00척 + 10.00척) = 32척이고, 측면은 (5.00척 + 10.00척 + 5.00척) = 20척으로 산정되어 정면과 측면의 비는 약 1.60:1이 된다. 기단 위에는 외진주열에 12개의 기둥이 있고, 건물 내부 뒤쪽에 불벽주 없이 불단을 설치하였고, 내부에는 모두

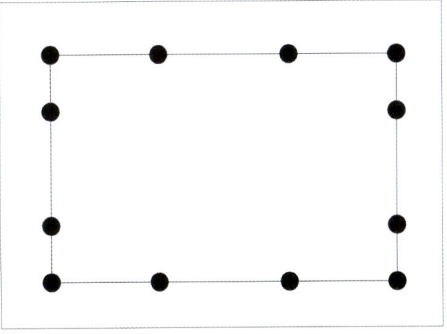

화암사 극락전 평면도

마루를 깔았다. 건물의 주간은 정면에서 어칸이 협칸보다 2척 정도 크며, 측면에서는 어칸이 협칸의 2배가 되었다. 기둥을 받치고 있는 초석은 모두 가공을 하지 않은 자연석 주초이다. 이 건물의 포작은 우리나라에 유일하게 남아있는 하앙계 포작이다. 중국의 송식 하앙계와 비교해 보면 결구부분에서 많은 변화가 있음을 알 수 있다.

사찰공간에서 중요한 위치를 차지하고 있는 대웅전(금당)은 삼국시대에는 내외로 열주(列柱)를 형성하는 전형적인 형태이지만, 하대로 내려오면서 건물 내부 기둥의 위치 변화가 일어난다. 즉, 기둥의 위치가 이동하여 주간이 넓어지거나 혹은 생략되어 이주법과 감주법이 계획 단계에서 이미 시행되었음을 알 수 있다. 그리고 측면칸의 너비에 따라 대량[20] 길이가 정해지면서 결구방법에도 여러 가지 법식이 있었던 것으로 보인다. 그러나 조선중기 이후가 되면 많은 사찰에서 불전의 평면이 정면 3칸, 측면 3칸을 채택하게 되었는데 이것은 당시의 경제력과 깊은 관계가 있었던 것으로 보인다. 이러한 예로 부안 내소사 대웅전(來蘇寺 大雄殿), 청도 대비사 대웅전(大悲寺 大雄殿), 강화 전등사 대웅전(傳燈寺 大雄殿), 부산 범어사 대웅전(梵魚寺 大雄殿), 해남 미황사 대웅전(美黃寺 大雄殿) 등이 있다.

---

20) 중국건축에서는 椽木의 개수에 의하여 梁의 명칭이 정해져 四椽栿, 六椽栿, 八椽栿, 十椽栿으로 분류가 되나 한국건축에서는 梁의 위치에 따라 大樑, 中樑, 宗樑으로 분류되어 그 분석 방법이 다르지만 구조적으로 보면 같은 것이다.

무량사

충남 부여에 있는 무량사(無量寺)는 신라 문무왕 때 창건되었다고 전해오고 있으나 당시의 유적은 남아있지 않다. 극락전

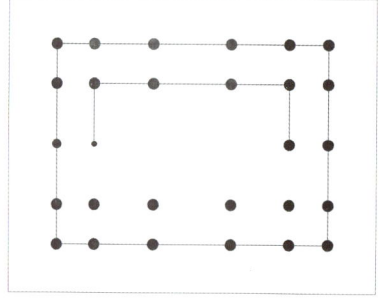

무량사 극락전 하층 평면도

무량사 극락전

은 1998년 국립문화재연구소에 의하여 정밀실측 조사되었는데 이때 발견된 기록에 의하여 1630년대에 중창된 건물로 밝혀졌다. 건물은 외부에서 보아 중층을 이루고 있으나 내부에서는 통층을 이룬다. 건물 규모의 기준이 되는 하층평면은 정면 5칸, 측면 4칸이다. 1층 정면은 (8.20척 + 12.35척 + 16.40척 + 12.35척 + 8.20척) = 57.20척이고, 측면은 (8.20척 + 12.35척 + 12.35척 + 8.20척) = 41.10척으로 산정되어 정면과 측면의 비는 약 1.40:1이 된다. 건물 내부 바닥에는 모두 마루가 깔려있으며 1층 후면의 내진주열 앞쪽으로 비교적 큰 규모의 불단을 설치하였다. 기둥을 받치고 있는 초석은 모두 가공을 하지 않은 자연석 주초이다. 이 건물의 가구는 중국의 중층 목구조 발전 단계로 보면 이미 전각식(殿閣式) 누각에서 내주가 상층까지 올라가는 청당혼합식 중층구조로 바뀌어졌음을 알 수 있다.[21]

마곡사

충남 공주에 있는 마곡사는 당 정관 17년(貞觀 17年: 643) 자장율사(慈藏律師)가 유학을 마치고 돌아와 창건하였다고 전해오고 있다. 이 사찰의 법전인 대웅전은 자세한 기록은 찾아 볼 수 없으나 건물에 남아있는 기법으로 미루어 보아 임진왜란 때 소실된 것을 조선 효종 연간(1650~1659)에 중창한 것으로 보인다. 건물은 외부에서 보아 중층을 이루고 있으나 내부에서는 통층을 이루고 있다. 건물 규모의 기준이 되는 하층평면 규모는 정면 5칸, 측면 4칸이다. 정면은 (8.25척 + 10.16척 + 10.13척 + 10.23척

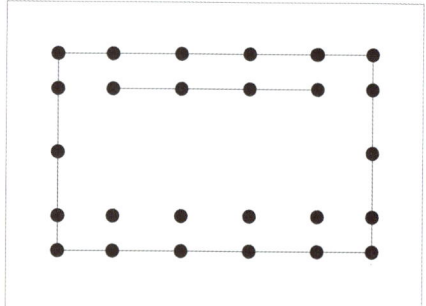

마곡사 대웅전 하층평면도

+ 8.18척) = 46.95척이고, 측면은 (5.19척 + 9.14척 + 9.34척 + 5.13척) = 28.80척으로 산정되어 정면과 측면의 비는 약 1.63:1이 된다. 그리고 상층평면은 전신내주가 상층까지 연결되었으므로 하층평면에서 각 협칸을 제외한 전신내주 평면공간이 된다.

---

21) 呂江,〈唐宋樓閣建築硏究〉, 建築史論文集 第 十集, 淸華大學 建築系編, 1988. 11.

화엄사

전남 구례에 있는 화엄사(華嚴寺)는 백제 때 창건하였다고 전해오고 있으며, 이 사찰의 법전인 각황전(覺皇殿)은 임진왜란 때 소실된 것을 조선 숙종 28년(1702)에 중건하였다.

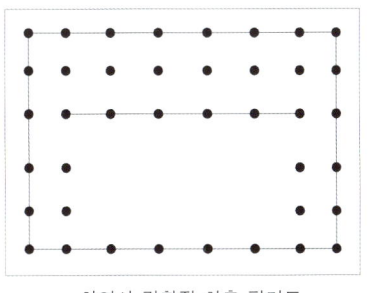

화엄사 각황전 하층 평면도

화엄사 각황전

각황전 규모의 기준이 되는 하층평면은 정면 7칸, 측면 5칸이다. 정면은 (10.10척+12.91척+14.02척+13.97척+13.95척+13.07척+10.13척)=88.16척이고, 측면은 (10.23척+13.08척+13.90척+13.18척+10.00척)=60.19척으로 산정되어 정면과 측면의 비는 약 1.47:1이 된다. 그리고 상층평면은 하층의 외진주열과 내진주열 사이의 툇보 위에 놓여 무량사 극락전이나 마곡사 대웅전의 상층 평면수법과는 다르다. 이러한 상층주의 배치법은 북한의 평양 보통문과 대동문, 수원의 팔달문과 장안문 등 다수의 중층 건물에서 찾아볼 수 있다. 이러한 형태의 기둥배치법을 '반칸통층형'과 '일칸통층형'으로 분류한 학설도 있다.[22]

4) 한·중 불교건축의 불전 평면 변화와 발전과정

⟨한국과 중국의 불전 정·측면 비⟩

	건물명칭	창건연대	정면 a	측면 b	a:b
중국	남선사대전	782년	11,750 mm	10,000 mm	1.18:1
	불광사대전	857년	34,000 mm	17,640 mm	1.93:1
	당초제사금당(일본)	795년	33,820 mm	13,600 mm	2.50:1
	보국사대전	1013년	11,830 mm	13,380 mm	0.88:1
	봉국사대전	1020년	48,200 mm	25,130 mm	1.92:1
	박가교장전	1038년	25,260 mm	18,470 mm	1.39:1
	선화시대8보전	11세기	40,540 mm	24,950 mm	1.63:1
	융흥사마니전	1052년	35,000 mm	28,000 mm	1.25:1
	불광사문수전	1137년	31,400 mm	17,700 mm	1.78:1
	상화엄사대웅보전	1140년	53,900 mm	27,500 mm	1.95:1

22) 金奉建, 『傳統中層木造建築에 關한 硏究』, 서울大學校 大學院 博士學位論文, 1994.

	숭복사미타전	1143년	40,940 mm	22,300 mm	1.83:1
	소림사초조암	1125년	11,140 mm	10,700 mm	1.00:1
	영락궁삼청전	1262년	28,440 mm	15,280 mm	1.87:1
	광승하사대전	1309년	27,880 mm	16,100 mm	1.74:1
	연복사대전	1317년	8,510 mm	8,610 mm	0.98:1
한국	황룡사중금당지	584년	163曲尺	81曲尺	2.00:1
	황룡사동금당지	584년	119.5曲尺	66曲尺	1.80:1
	분황사금당지	634년	31.0曲尺	22.6曲尺	1.42:1
	감은사금당지	682년	52.0曲尺	30.0曲尺	1.70:1
	사천왕사금당지	7세기	57.5曲尺	38.5曲尺	1.49:1
	정림사금당지	7세기	51.9曲尺	33.66曲尺	1.50:1
	미륵사중금당지	7세기	65.34曲尺	46.00曲尺	1.41:1
	봉정사극락전	13세기 이전	38.50曲尺	23.20曲尺	1.53:1
	부석사무량수전	13세기 이전	38.50曲尺	23.20曲尺	1.53:1
	수덕사대웅전	1308년	46.75曲尺	35.56曲尺	1.31:1
	심원사보광전	14세기 이전	36.50曲尺	24.84曲尺	1.46:1
	무위사극락전	14세기 이전	38.00曲尺	26.00曲尺	1.46:1
	개심사대웅전	14세기 이전	36.00曲尺	26.00曲尺	1.38:1
	봉정사대웅전	15세기 전후	44.50曲尺	28.50曲尺	1.56:1
	환성사대웅전	16세기 전후	39.00曲尺	32.20曲尺	1.25:1
	관룡사대웅전	16세기 전후	30.18曲尺	24.75曲尺	1.21:1
	율곡사대웅전	16세기 전후	34.88曲尺	22.67曲尺	1.53:1
	불갑사대웅전	17세기 전후	36.78曲尺	24.53曲尺	1.50:1
	위봉사 보광명전	17세기 전후	37.23曲尺	26.39曲尺	1.41:1
	개암사대웅전	17세기 전후	39.11曲尺	25.74曲尺	1.52:1

지금까지 보여준 한·중 불교건축의 금당 평면 변화와 발전과정을 정리하면 기둥의 위치에 따라 몇 가지 형태로 나누어 볼 수 있다.

① 쌍조주망주잡차양불전중심형(雙槽柱網周匝副階佛殿中心型)

이 유형의 평면은 유적으로 전해오는 경주 황룡사지의 중금당과 동·서금당, 부여 정림사지 금당 등이다. 이들 건물의 평면은 정(井)자형 주열로 외진기둥과 내진기둥을 구성하고 중앙주열칸에 불단을 배치한 형식이다. 평면에서는 감주법이 나타나지 않고 일정한 너비로 주열이 형성되었다. 6세기에서 7세기의 금당평면에서 정면과 측면의 비는 황룡사지 중금당은 약 2:1, 동금당은 1.8:1, 정림사지 금당은 1.54:1의 비를 나타내다. 이들 건물에는 모두 하층기단의 바깥으로 차양칸을 설치했던 주초가 확인되었다. 또한 황룡사지 동금당의 평면은 송『영조법식』"殿閣地盤殿身七間副階周匝各兩架椽身內金箱 斗底槽"와 거의 동일한 평면 형태를 보여주고 있다. 황룡사지 중금당은 동금당의 평면에서 정면 주칸만 2칸이 더 크다. 결국 이러한 형태의 평면은 상부가구에서 전당형의 가구를 형성했던 것으로 추정해 볼 수 있다.

② 쌍조주망불전중심형(雙槽柱網佛殿中心型)

이 유형의 평면은 쌍조주망주잡차양중심불전형 평면에서 차양칸이 생략된 평면으로 오대산의 불광사 대전, 분황사 금당, 감은사지 금당, 사천왕사지 금당 등 여러 유적에서 확인되고 있다. 이 건물들은 외진주와 내진주로 평면을 구성하고 측면 뒤쪽의 주열상에 불단을 배치하였는데 불광사 대전에서는 불단의 뒤쪽과 그 양측으로 황룡사지 중금당과 같이 벽체를 구성하였다. 역시 감주법이 나타나지 않고 일정한 간격으로 주열이 형성되었다. 7세기 이후의 대불전형 평면으로 이들 건물의 정면과 측면의 비는 불광사 대전에서 약 1.75:1, 감은사지 금당에서 1.7:1, 사천왕사지 금당에서 1.49:1의 비를 나타낸다. 이러한 평면의 유형은 미륵사지 금당, 왕궁리사지 금당 등 많은 예를 찾을 수 있어 당시 중·한 양국 가람에서 유행했던 하나의 평면 유형으로 보인다.

③ 쌍조감주불단후진형(雙槽咸柱佛壇後進型)

이 유형의 평면은 중국의 봉국사 대전(1020), 상화엄사 대웅전(1038), 선화사 대웅보전(11세기), 숭복사 미타전(1143) 등이 있으며 주로 요·금대 건축이 주류를 이루고 있다.

이들 평면은 대부분 불단이 내부의 중앙에 놓이지 않고 측면의 뒤쪽으로 1칸 또는 반 칸씩 물러나고 있다. 봉국사 대전의 내부평면은 4열의 주열을 기본으로 하고 제1열과 제3열 6개 기둥을 감주하여 제3열 공간에 불단을 만들어 불단후진형(佛壇後進型)을 이루었다. 그리고 상화엄사 대웅보전은 건물의 내부에서 봉국사 대전과 마찬가지로 4열의 열주(列柱)가 기본을 이루지만 앞쪽에서부터 제3열과 4열 중간에 불벽기둥을 세워 그 앞쪽으로 불단을 놓아 역시 불단후진형을 이루었다. 숭복사 미타전도 역시 이러한 평면을 보여주고 있다.

이러한 불단후진형 평면은 한국의 불국사 대웅전, 불국사 극락전 등 여러 건물에서 사용되기 시작하였으며 그 이후 고려와 조선시대를 거치면서 정면 3칸, 측면 3칸 평면에서 불단배치 방식의 주류를 이루었다. 이 시기 중국에서도 소규모 불전이 산서지방을 중심으로 한 원대 사찰건문에서 많이 사용되었다.

④ 무내주통칸형(無內柱通間形)

이 유형의 평면은 건물 내부에 기둥이 놓이지 않고 일반적으로 정면의 어칸은 협칸에 비해 넓다. 소규모 불전에서 많이 채용된 평면형으로 오대산 남선사 대전에서부터 한국의 조선초기 건물인 무위사 극락전, 고산사 대웅전, 개심사 대웅전 등에서 보이는 평면 형태이다. 이들 건물은 상부가구에서 대량 (전·후면 처마 기둥 위에 놓인 량)이 전·후면에 결구되므로 대량의 길이가 바로 측면칸이 되며 단면이 매우 크다. 내부공간의 활용은 좋지만 양(樑)을 선정하는 작업은 매우 곤란하였을 것이다. 이러한 문제점을 해결하기 위하여 불단의 뒷면으로 불벽기둥을 세우는 방식이 출현하게 되었다고 보인다.

⑤ 쌍조사주불단중심형(雙槽四柱佛壇中心型)

이 유형의 평면은 건물내부의 중앙에 4개의 고주가 놓이고 그 앞쪽에 불단이 설치되어 있으며, 중국의 남방지역인 무의 연복사 대전, 불산조묘, 조경매암 대전, 한국의 수덕사 대웅전 등에서 찾아 볼 수 있다.

이들 건물의 상부가구 수법은 우미량(牛尾樑)을 결구하는 수법을 보이고 있는데 이는 중국에서도 장강 이북에서는 보이지 않는 수법이다. 중국 남방의 건축적인 요소가 수덕사 대웅전 등 서해안 인접지역 건물에 보이고 있는 것은 매우 흥미로운 일이다. 이 부분에 대해서는 가구론에서 재론하기로 하겠다.

⑥ 특수형(特殊形)

하북 정정에 있는 융흥사 마니전과 한국 부석사 무량수전, 불갑사 대웅전을 그 예로 들 수 있다. 융흥사 마니전은 아(亞)자형 평면에 사방으로 출입문을 설치하였다. 이러한 평면은 북경의 벽운사(碧雲寺) 나한당에서도 보인다. 한국의 부석사 무량수전과 불갑사 대웅전은 건물의 평면은 일반적이나 불단의 위치가 측면에 설치되어 있는데 이는 불교 교리와 관계가 있었던 것으로 보인다.

또 하나의 특수형 평면으로는 중층건물인 독락사 관음각, 융흥사 전륜장전(轉輪藏殿) 등으로 이들 평면은 목구조 형식이 체계화됨에 따라 점차 구조 형식과 긴밀한 관계를 가지게 되었다.

중국 건축발전사를 보면, 건물의 주칸은 일반적으로 작은 것에서 큰 것으로, 불규칙적인 것으로부터 규칙적인 것으로 발전해 왔다. 중국 남북조 이전의 건축 유적에서 기둥(柱) 배열의 방식은 상당히 불규칙적인 것이었다. 당시의 목구조 건축형식은 아직 종가(縱架)[23] 상태에 있었고, 종가식 구조는 엄격한 기둥 배치 형태를 강요하지 않았기 때문이다. 수, 당대에 들어와서 횡가(橫架)[24]식 구조가 확립되면서, 기둥의 배치는 일정한 규칙을 가지게 되었다. 당대 대명궁내의 인덕전이나 함원전은 당대 최고 등급의 건물이지만 주칸은 약 5m 정도에 불과하며, 내부공간에서 제일 큰 스팬(span)은 약 8m 정도이다. 이러한 사실로 미루어 보면 당시 기술적인 제약 때문에 더 큰 주칸을 만들 수 없었던 것으로 추정되며 이후 목재의 역학성능에 대한 이해가 깊어지면서 부재 조립기술(예: 맞춤의 발달) 등의 진보로 점차 주칸이 확대되었다.『영조법식』에는 건축물의 평면 척도, 주칸, 기둥 높이 등에 대하여 상세히 기술하지 않았는데 이 당시에는 이미 건축기술이 상당한 수준에 이르러 기본적인 부재치수를 응용하면 원하는 주칸을 정할 수 있었다고 보아진다. 뿐만 아니라 이미 건물의 기본적인 치수가 정해져 있었기에 이를 응용한다면 얼마든지 기능에 적합한 주칸을 정할 수 있었다고 보아진다.

이들 건물 평면과 비교되는 삼국시대 건물지로는 신라의 거찰 황룡사지 중금당을 예로 들 수 있다. 이 건물은 신라 선덕여왕 14년(645) 신라의 삼보였던 황룡사 목탑이 중건되기 전에 건립되었던 가람의 본전이다. 중금당의

---

23) 건물의 가구는 주로 도리방향의 부재로 구성하는 구조 형식.

24) 건물의 구조는 주로 보방향의 가구로 구성하는 구조형식.

평면규모는 『영조법식』에서 정한 1등급 규모의 건물로 정면이 11칸인데 차양칸[25]이 있다. 『영조법식』 도양(圖樣)의 "殿閣地盤殿身七間副階周幣各兩架椽身內金箱斗底槽"의 평면에서 단지 건물의 정면 칸수만 2칸이 더 큰 경우를 보이고 있다. 그리고 중금당의 동쪽에 놓인 1차 동금당은 정면 7칸, 측면 6칸의 부계가 있는 건물로 『영조법식』에서 정한 등재 개념으로 본다면 2등재에 속한다고 볼 수 있는데 "殿閣地盤殿身七間副階周幣各兩架椽身內金箱斗底槽"와 변화가 거의 없는 동일한 규모이다.

또한 분황사의 중건 금당 가람은 발굴조사보고서의 적심석에 따라 건물의 규모를 정면 7칸, 측면 6칸으로 추정해 볼 수 있는데 이 건물의 평면 역시 매우 고식 평면의 수법을 보여주고 있다.

통일신라시대에 창건되었다가 폐허된 또 하나의 사찰로는 감은사지(感恩寺址)를 들 수 있는데 평면의 규모는 정면 5칸, 측면 3칸으로 역시 고식의 평면을 보여준다. 불국사는 경내의 중심공간에 위치한 대웅전의 기단과 계단 초석은 창건당시의 유구를 그대로 보존하여 오고 있는 것으로 보이는데 이 건물의 평면에서는 지금까지 정연한 배치를 보여오던 초석의 배치수법이 중간부분에서 2개가 감소하였다. 이러한 현상은 중국에서도 요(遼)·송대(宋代) 내려오면 기둥배치 방법의 변화가 일어나 일정한 간격으로 기둥을 배치하던 방식에서 벗어나 기둥의 위치가 변해가는 소위 "이주법(移柱法)"과 "감주법(減柱法)"이 보이기 시작한다. 이주법과 감주법은 상부구조의 결구체계에도 변형을 가져오는 것으로 보이는데 우리나라에서는 아직까지 이에 대한 연구가 미진해 이 부분에 대한 연구의 성과를 기대해 볼 만하다.

아울러 지금까지의 발굴결과에 의하면 삼국시대 건물 내부바닥은 거의가 전돌이 깔려 있었던 것으로 추정되고 이들 바닥이 언제 지금과 같은 마룻바닥으로 변화하였는지에 대해서는 아직도 명쾌한 결론을 내릴 수 없는 실정이다.

나. 기둥

우리나라 건물에 사용된 기둥은 단면의 형태에 따라 사각기둥과 원기둥, 팔각기둥으로 크게 나누어 볼 수 있고, 이들 기둥에 나타난 기법에 따라 배흘림기둥과 민흘림기둥으로 나누어 볼 수 있다. 일반적으로 고려시대 이전의 목조건축에서는 배흘림기둥이 많이 사용되었는데 포작이 증가되고 주간 포작이 놓이는 건물에서는 민흘림 기법의 기둥이 많이 사용되었다. 따라서 이들 기둥과 그 위에 놓이는 포작의 관계는 건물의 의장에서 매우 중요한 위치를 차지하기 때문에 건물의 연대고증에는 반드시 이러한 사항들이 고려되어야 한다. 아울러 이들 건물에 나타나는 귀솟음 수법과 안쏠림 수법은 고대 장인들이 많은 경험을 통해 이루어 놓은 정확한 기술 축적의 본보기가 된다.

주고(柱高), 주경(柱徑), 주간(柱間), 주수(柱數) 등의 배열에 따른 구성은 건축물의 형태 및 시각적 특징에 결정적 영향을 주며 이 같은 구성은 시대에 따라 변화한다. 따라서 주경(柱徑)과 주고(柱高), 주경(柱徑)과 주간(柱間), 주간(柱間)과 주고(柱高) 등의 관계를 세밀하게 분석해 보는 것은 평면과 입면분석 요소에서 매우 중요

---

25) 본채에 덧달아 붙인 차양간과 비슷한데 우리나라 창경궁 명정전 배면에 덧달아낸 부분도 이러한 유형으로 볼 수 있다.

한 것이다. 그러나 중국의 목조건축에 나타나는 기둥은 거의가 두터운 벽체 속에 가려 있어 의장적 수법을 찾아보기 어렵다. 중국 남쪽 지방에서는 특이하게 과릉형 기둥이 보이는데 이 수법은 여러 개의 작은 부재를 하나의 기둥으로 묶어 놓은 형태이다. 그러나 한반도 목조건물은 모두 기둥이 노출되어 있고 과릉형 기둥의 예는 없다.

현존하는 한반도의 고려말 조선초기 건물에서는 기둥하부 주경(柱徑)에 대한 주고(柱高)의 비(比)는 1 : 7.0~1 : 50 정도로 폭넓은 비를 보여주고 있는데 조선 중기 이후로 들어오면 기둥의 하부는 점점 더 굵어져 가는 경향을 보인다. 이것은 기둥의 형태가 배흘림기둥에서 기둥의 하부가 넓고 상부가 좁은 형태로 변해가는 민흘림수법과도 관련이 있다고 생각된다.

이러한 기둥의 형태와 건물의 전체법식 관계를 고찰해 보면 배흘림기둥 형태를 보존하고 있는 건물은 대부분 일정한 법식을 가지고 있다.

이 배흘림기둥에 관한 제작방법을 송『영조법식』에서는 옆의 그림과 같이 전체기둥의 길이를 3등분한 다음 윗부분을 다시 3등분하여 기둥의 형태를 마감하고 있는데 이러한 작법은 『영조법식』[26]에 자세히 설명되어 있다. 한반도 고려말 조선초기 건물에 나타난 배흘림의 세부기법은 건물에 따라 약간의 차이는 있지만 기둥의 최대직경은 기둥뿌리 밑에서부터 그 길이의 1/3되는 곳에서 위로 1척을 가산한 범위에 두는 것이 일반적인 방법이다. 강릉 객사문의 배흘림은 기둥하부에서 1척 간격으로 그 직경이 1.84. 1.85, 1.87, 1.89(最大), 1.87, 1.85, 1.80, 1.80, 1.74, 1.64, 1.5, 1.38, 1.18곡척(曲尺)으로 되었다. 여기에서 최대 직경은 기둥의 전체 길이 10.85곡척의 1/3선상 부위에 있음을 알 수 있다. 기둥머리 주경은 기둥뿌리 아랫부분의 치수보다 0.66곡척 감소되었다. 강릉 객사문의 배흘림은 이 시대 다른 건물의 배흘림기둥보다 강한 곡선을 나타내는 예 중의 하나이다.[27]

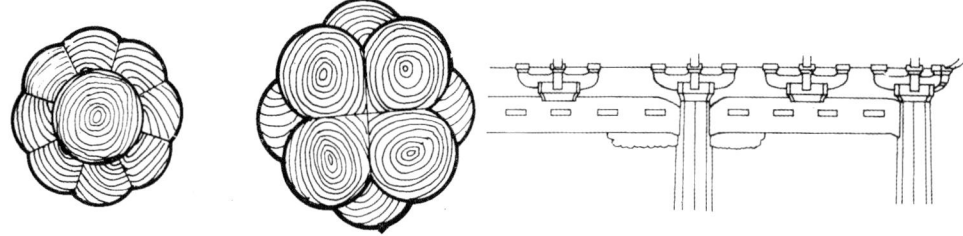

과릉형기둥

26) 凡殺梭柱之法隨柱之長分爲三分上一分又分爲三分如拱卷殺漸收至上徑比櫨枓底四周各出四分又量柱頭四分緊殺如覆盆樣今柱項與櫨枓低相副其柱身下一分殺令徑圍與中一分同
27) 金東賢,『韓國木造建築의 技法』P.145, 圖書出版 발언, 1966. 8.

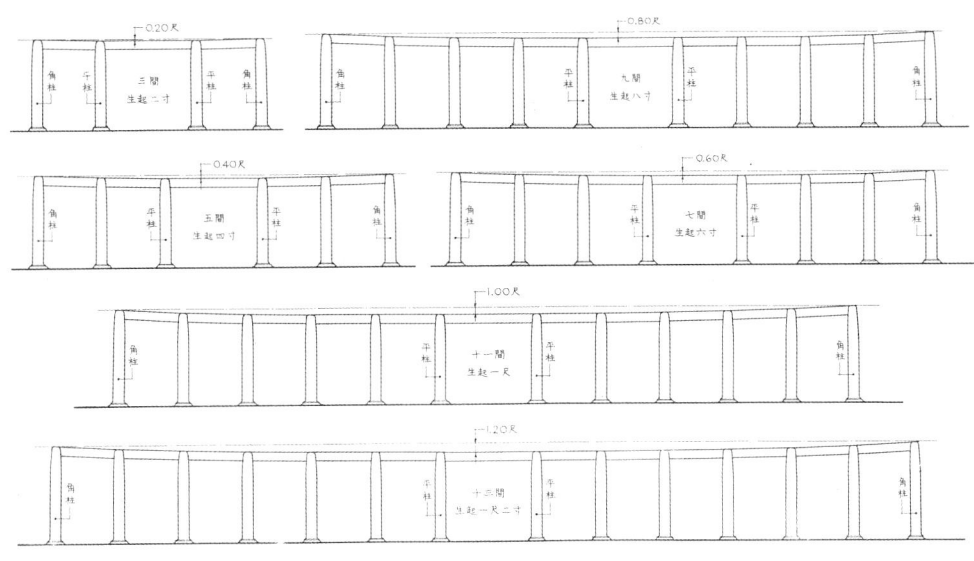

『영조법식』 기둥작법(귀솟음)

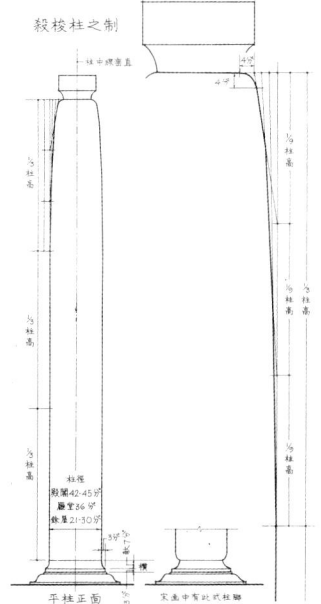

〈『영조법식』 배흘림기둥작법〉

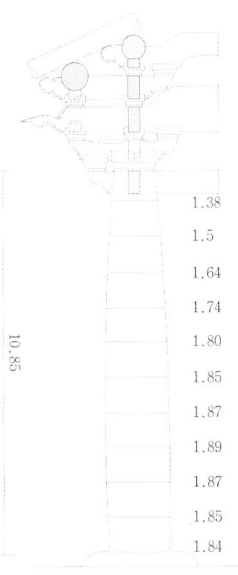

〈강릉객사문 배흘림기둥〉

강릉객사문 배흘림기둥

민흘림기둥

융흥사 마니전 귓기둥

보국사 대전 팔과형 기둥

소림사 초조암 기둥

소림사 초조암 기둥 상세

다. 공포(栱包)

1) 공포(栱包)의 역사

공포(栱包)는 동양 목구조건축에서 제일 복잡한 부재이며 그 형식도 아주 다양하다. 때문에 공포는 흔히 고건축의 연대를 고정하는 중요한 부재인 동시에 그 발전 과정은 건축사를 연구하는데 있어서 하나의 중요한 부분이다. 우리나라 목조건축에 사용된 공포의 발전과정은 고구려 고분벽화에서 그 뿌리를 찾아 볼 수 있고, 쌍영총 고분 입구의 기둥 위에 놓인 주두와 첨차를 그 실례로 들 수 있다. 여기에 사용된 첨차는 교두형으로 십

안압지 출토 첨차

자로 짜아진 것이 아니고 한쪽 방향으로만 천장을 받치고 있다. 그리고 통일신라시대에 조영된 불국사 다보탑 1층 옥개석 하부 받침석 양쪽 끝은 교두형 첨차가 십자로 짜아지는 형태로 다듬어져 있다. 그리고 남원 실상사 백장암 삼층석탑 1층탑신 상부에 조각된 첨차 역시 교두형으로 출목이 없다. 그리고 1975년 경주 안압지에서 출토된 교두형 첨차는 우리나라에서 제일 오래된 목재 첨차로 그 세부수법으로 보면 교두형 첨차가 십자로 짜아질 수 있는 구조이다. 이러한 첨차는 중국 최고(最古) 건물인 당대(唐代)의 남선사 대전에 사용된 첨차와 동일한 형태로 당시의 목조건축 치목수법을 알 수 있는 매우 중요한 자료이다. 그러나 현재 우리나라에 남아있는 최고의 건물들은 거의가 고려시대 중기 이후에 지어진 건물로 인정하고 있기 때문에 우리나라 목조건물에 나타난 포작으로 건물편년을 고증한다는 것은 한계가 있다. 이런 관점에서 볼 때 중국 돈황벽화에 표현된 각 시대별 공포그림은 포작을 이해하는 데 매우 중요한 자료가 된다. 비교적 이른 시기인 북조와 수대 벽화의 공포는 아주 간단하며 초당시기에 이르러 점차 변화를 가져와 성당 이후에는 급속한 변화를 가져오고 그 종류도 많이 증가되어 형식도 상당히 복잡하였다. 오대와 송대의 벽화는 당대의 기본적인 수법을 계승하였다. 『돈황건축연구』[28]에서는 이 시대 포작의 발전단계를 북조와 수대, 초당, 성당 이후[29] 등 세 단계로 나누어 설명하고 있다.

불국사 다보탑 1층 옥개석 하부 받침석 상세

백장암3층석탑 1층 탑신 상부 조각

---

28) 蕭默, 『敦煌建築硏究』, 文物出版社, 1989.

29) 중국에서는 당대(581~907)를 초당기(618~690), 성당기(690~712), 중당기(712~859), 만당기(860~907)로 구분하고 있다.

2) 중국의 고대공포

북조(北朝)와 수대(隋代)의 공포(栱包) : 북조와 수대 벽화의 공포는 모두 외부로 돌출된 출목이 없으며 그 형태가 아주 간단하고 공포가 성숙되기 전의 단계이다. 이 시기 공포는 창방의 유무에 따라 두 가지 방식으로 나누어진다. 첫째는 창방이 없이 주두 위에 도리방향으로 긴 부재가 놓이고 그 위에 인자형의 부재가 처마를 받치는 구조인데 이러한 형태의 공포는 주로 북조시기의 것이다.

그 다음으로 수대에 그려진 벽화를 보면 주두아래 창방이 놓이고 그 위에 인자형 대공과 일두삼승(一斗三升) 포작을 결구하였는데 이러한 기법은 조형상으로 볼 때 북조시기의 포작에서 발전된 것이다. 수대벽화에서는 이미 어칸을 크게 한 작법이 나타나며 보칸에는 인자대공과 일두삼승 두공이 함께 사용되었다. 그리고 건물내부에 첨차가 사용된 예가 보인다.

북조의 궐형감 위의 공포

북조 궐형감 위에 그려진 공포는 형상이 아주 다양한 데 인자공과 일두삼승 이외에 또 일두이승 등 두자촉주(斗子蜀柱) 부재가 있다. 주두와 소로는 거의 굽받침이 있으며 굽받침의 형태는 위가 좁고 아래가 넓다. 북조의 인자대공은 모두 직선으로 구성되어 있으며 수대로 내려오면 곡선형으로 변하고 있다. 공포에서 출목이 나타나는 시기는 한대 명기에서 출발한다.

북위 제251굴, 254굴 내에는 몇 개의 목구조 공포 그림이 그려져 있는데 공포는 벽체로부터 돌출 되었고 첨차 위에는 소로가 놓였다. 제251굴에는 목구조지붕을 모방하려는 의도를 명확하게 표현하였다. 두 굴에는 공포가 각기 네 개씩 있으며 형식도 아주 비슷하다. 같은 굴에 있는 네 개의 공포는 크기도 비슷하며 그 주위에 있는 벽화들도 모두 원형(原形)으로 후대에 개조하고 다시 그린 흔적이 전혀 없다.

초당공포(初唐栱包) : 초당(初唐) 시기는 위진의 완전하지 못한 공포로부터 성당으로 발전하는 과도기인데 이 시기의 공포는 2가지로 나누어 볼 수 있다.

- 출목이 없는 공포 : 이런 공포는 여전히 수대의 것과 비슷

돈황 제 251굴

한데 주두포작은 일두삼승으로 보간이 있는 경우 보간 포작은 인자대공(人字臺工)으로 처리하였다.

- 출목이 있는 공포 : 제일 간단한 출목작법은 누각평좌에서 보여지는데 난간하부 받침 외부 끝이 밖으로 나와 있다. 출목이 있는 공포는 간단한 것에서 점차 복잡한 것으로 발전하였다.

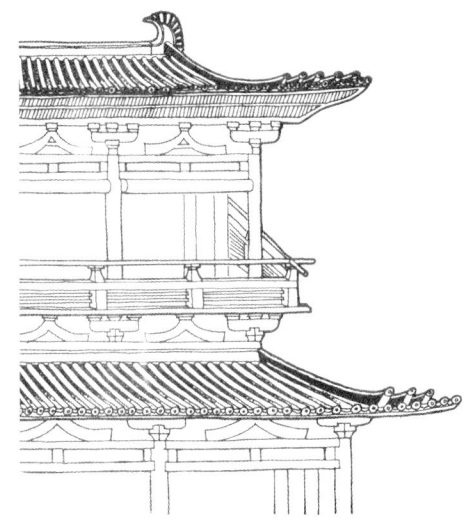

초당시기 출목이 없는 공포(돈황 제431굴)

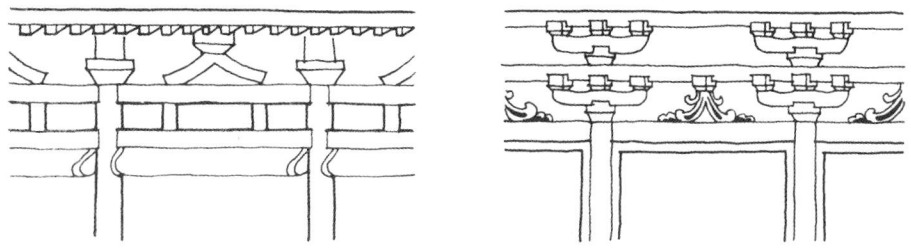

초당시기 출목이 없는 공포(돈황 1. 제233굴, 2. 제220굴)

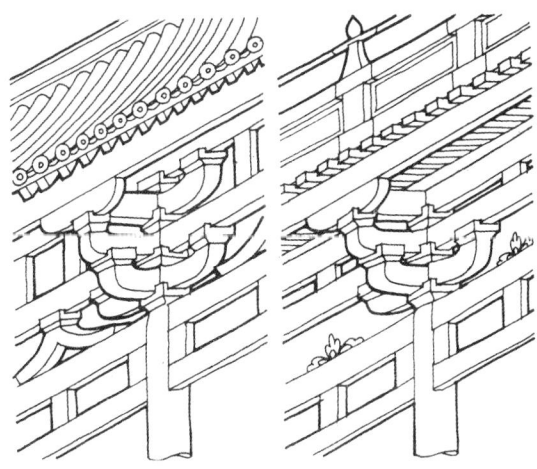

초당시기 출목이 있는 공포 1. 낭무(제321굴), 2. 누각평좌(제321굴)

성당(盛唐) 이후 공포(栱包) : 성당시기 공포는 신속한 발전을 가져왔으며 형식도 아주 풍부하였고 구조가 엄밀하였으며 완전성숙의 단계에 들어섰다. 돈황벽화에서 볼 수 있듯이 중당, 만당, 오대 그리고 송대를 거치면서 공포는 계속 발전하였으나 전체적으로 볼 때 성당의 큰 틀에서 벗어나지는 못하였다.

성당시기의 공포 1(제172굴의 북벽)   성당시기의 공포 2(제172굴의 남벽)

중당시기의 공포   만당시기의 공포

돈황벽화에서 볼 수 있는 공포는 수만 개에 달하며 이 책에서 예시한 것은 극히 일부에 지나지 않는다.

돈황벽화에 나타난 포작을 간단히 정리하면 수대의 간단한 포작에서 점차 발전되어 중당에서 송대에 이르는 시기의 포작은 기본적으로 여러 방면에서 여전히 성당과 비슷하여 성당시기의 공포가 확실히 성숙되었다는 것을 보여준다. 그렇지만 중당 이후 공포는 계속 발전하였고 새로운 방법을 표현하였다. 그리고 중당 이후에 나타

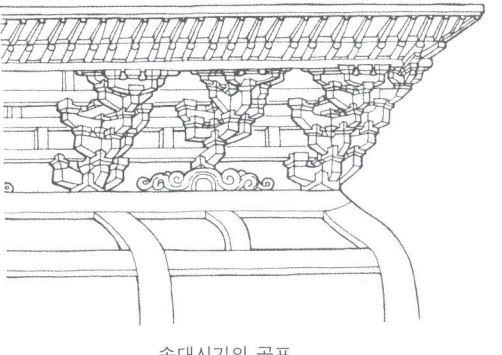
송대시기의 공포

복건 보전광화사 남송석탑의 공포

오대시기 공포-45도 방향의 사공

나는 출목이 있는 공포의 보간 포작 결구방법은 주두 포작과 같은데 이는 실물보다 몇 십 년 앞서있고 이때 이미 보간에 2조의 포작이 있었다는 것을 알 수 있다. 중당시기는 주심포작 살미첨차는 교두형에서 쇠서형태로 변화되는 방법이 나타나기 시작하였고 만당시기를 거쳐 오대와 송대에는 더욱 발전되었다. 또 오대 벽화에는 45° 방향의 사공이 표현되기 시작하는데 이러한 자료들은 실제 건물의 공포 형식과 함께 그 발전과정을 연구하는 데 있어 매우 중요한 자료를 제공하여 주고 있다

천룡사 석굴에 나타난 공포

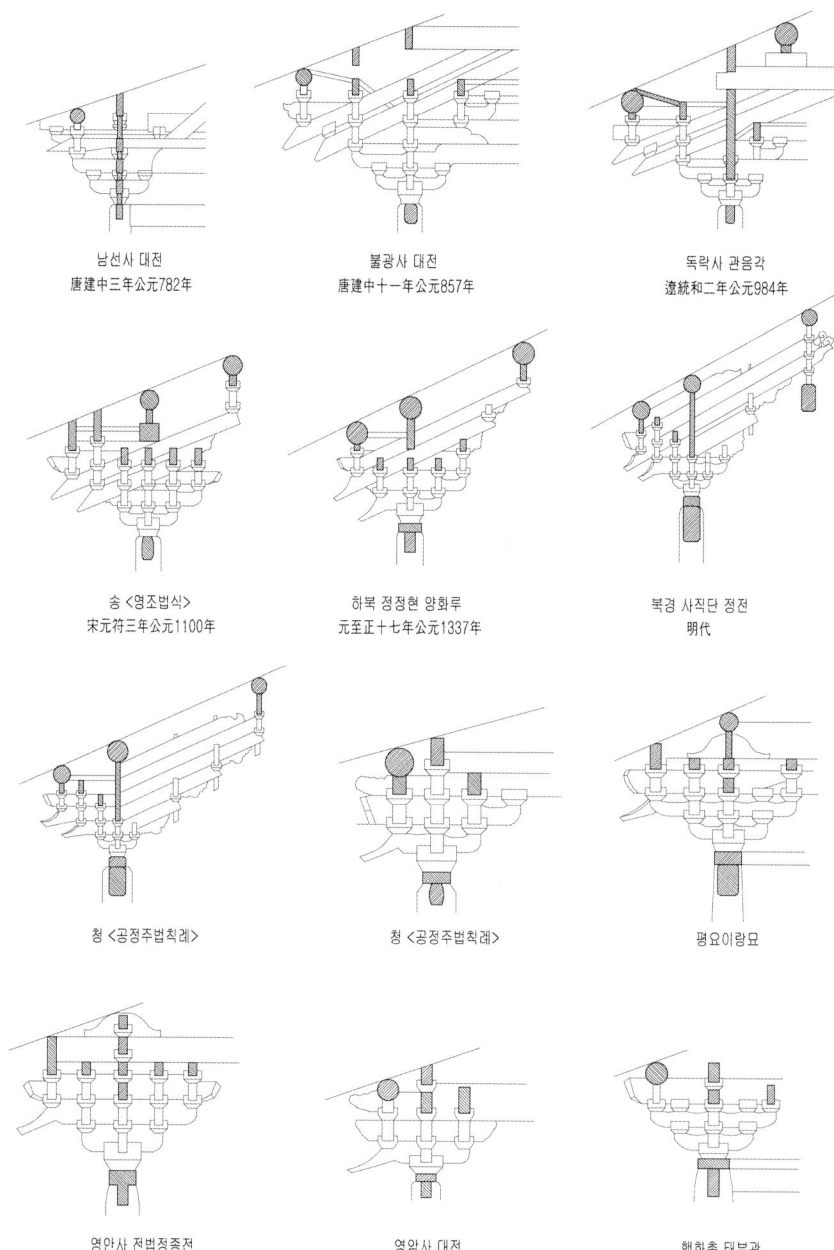

중국의 공포

3) 한국의 공포

우리나라 공포(栱包)의 분류 : 기둥과 지붕의 완충공간인 공포대는 지붕의 하중을 기둥으로 전달해주는 구조적인 역할 이외에 건물의 외관을 장엄하고 웅장하게 처리하기 위한 장식적인 요소도 겸하였다. 아울러 이 공포대는 실내에서 천장의 구성방식과[30] 도 관계가 있어 여기에 나타난 장인의 세련된 조형적 감각과 의장적인 요소는 건물의 시대판단에 매우 중요한 요소로 작용하였다. 그래서 지금까지 우리나라 목조건축의 편년은 거의 이 공포[31]의 짜임 형식에 따라 주심포양식, 다포양식, 익공양식으로 대별하고 있다. 그런데 이 양식의 분류도 때로는 많은 혼란을 주고 있다. 이것은 우리나라 목구조형식의 초기분류가 우리들의 손에 의해 이루어진 것이 아니고 일제 때 일본 학자들에 의하여 이루어져 한국의 목조건축을 일본건축의 시각으로 본 잘못된 개념의 도입 때문이라고 생각된다.

우리나라 건축연구의 제1단계는 시대구분이라는 양식상의 문제해결에 있고 이 문제는 절대연대를 아는 개개건축의 특징을 비교, 정리하여 분류하는데 있다. 특히 목조건축에 있어서는 고려말 조선초에 걸쳐 더욱 그러한 작업이 필요하다. 그 이유 중 하나는 당시의 건축이 남아 있고 거기에 고려시대에 들어온 남송과 북송계의 양식상의 차이점이 있기 때문이다. 일본 학자들은 이 두 가지 양식을 소위 천축양(天竺樣), 당양(唐樣)이라 명명하였고 또는 제1형식, 제2형식이라고도 하고 마바라구미양식(疎組樣式), 쓰메구미양식(組樣式)이라 하기도 하였다. 이들 명칭은 지금 우리들이 부르고 있는 주심포계 건축과 다포계 건축을 일컫는 말로서 남송계통의 천축양식을 천축양, 북송계통의 건축양식을 당양이라 하였다. 이렇게 우리나라 건축에 그와 같은 명칭을 붙인 것은 일본건축에 사용되던 명칭을 그대로 한국건축에 인용하였던 까닭이다. 천축은 인도를 뜻하고 당은 중국을 뜻하는 말이긴 하나, 건축의 양식구분에서 이와 같은 용어를 우리나라 건축에 그대로 받아들여 사용하는 것은 웃지 못 할 넌센스다. 일본에서는 요즈음 천축양이니 당양이니 하는 용어 대신 대불양(大佛樣), 선종양(禪宗樣)이라는 용어로 개명되어 불려진다. 대불양은 일본의 가마구라시대(鎌倉時代)로부터 무로마치시대(室町時代)에 걸쳐 새로운 건축양식이 중국으로부터 들어 올 때 일본의 승려인 중원(重源)이 나라(奈良) 동대사 대불전의 재건에 그 양식을 채용하였다고 하여 대불양이라 고쳐 부르게 되었고 그 후 다시 들어온 양식, 즉 당양(唐樣)은 선종교(禪宗敎)와 함께 전래된 양식이라 하여 선종양(禪宗樣)이라 부르게 되었다고 한다. 그리고 이들 두 양식이 들어오기 전에 있었던 양식을 자기들의 양식이라는 뜻으로 화양(和樣)이라 부르고 있다. 우리나라에서 그들의 명칭을 따라 그대로 사용하는 것은 아무런 의미도 없다. 지금 우리가 주로 사용하는 이들 두 형식의 명칭은 주심포 양식과 다포 양식이다. 이것은 결국 공포의 배치 형식을 외형상 분류한 것으로 주심포 양식은 공포를 기둥 위에만 배치한 건물의 형식이고 다포 양식은 기둥 위 뿐만 아니라 기둥과 기둥 사이에도 공포를 배열

---

30) 실내에서 이 공포대의 높이에 따라 공포대와 천장 결구부분에서 의장(意匠)도 달라진다고 보이는데 특히 빗천장과 우물천장일 때 그 짜임과 깊은 연관이 있다고 생각된다.

31) 우리나라에서는 공포(栱包)라는 명칭으로 부르고 일본에서는 조물, 중국에서는 두공이라고 부르는데 두공은 두와 공의 합성어로 건물과 수평방향으로 짜지는 두(斗)인 주두(柱頭), 주심소루(柱心小累), 변소루(變小累)(櫨枓 交互斗, 散枓 濟心斗)와 출목소첨차, 출목대첨차, 행공첨차(泥道栱, 慢栱, 令栱) 이다. 공은 수직방향으로 짜지는 출목살미, 상앙, 하앙(華栱, 上昂, 下昂)을 가리켜 우리나라보다는 그 명칭이 세분되어 있다. 따라서 우리나라에서 공포라고 부르는 명칭은 송 『영조법식』의 개념으로 보면 그 정의가 명확하지 않다고 생각된다.

32) 김동현, 『한국목조건축의 기법』, 발언, 1996, 47~50쪽.

한 건물의 형식을 말하는 것이다."[32]

공포에 따른 한국건축사의 분류

Ⅰ. 정인국 박사는 『한국건축양식론(韓國建築樣式論)』 목조건축총론(木造建築總論)에서 건물을 기능에 따라 나누어 1. 사찰건축(寺刹建築), 2. 궁전건축(宮殿建築), 3. 성문건축(城門建築), 4. 누정건축(樓亭建築), 5. 묘당(廟堂), 향교(鄕校), 서원건축(書院建築)으로 분류하고 사찰건축 위주로 양식 분류를 하였다.

1. 주심포 전기	2. 주심포 중기	3. 주심포 후기	4. 다포 전기	5. 다포 중기	6. 다포 후기
鳳停寺 極樂殿 浮石寺 無量壽殿 修德寺 大雄殿 江陵 客舍門 觀龍寺 藥師殿	浮石寺 祖師堂 銀海寺 居祖庵靈山殿 無爲寺 極樂殿 海印寺 大藏經板庫 松廣寺 國師殿 松廣寺 下舍堂 淨水寺 法堂	鳳停寺 華嚴講堂 鳳停寺 古今堂 長谷寺 上大雄殿 開目寺 圓通殿 高山寺 大雄殿 靑平寺 回轉門	開心寺 大雄殿 鳳停寺 大雄殿 神勒寺 祖師堂	觀龍寺 大雄殿 通度寺 大雄殿 法住寺 捌相殿 雙峯寺 大雄殿 華嚴寺 大雄殿 華嚴寺 覺皇殿 金山寺 彌勒殿 長谷寺 下大雄殿 梵魚寺 大雄殿 金山寺 大寂光殿 栗谷寺 大雄殿 無量寺 極樂殿 傳燈寺 大雄殿 傳燈寺 藥師殿	來蘇寺 大雄寶殿 雙溪寺 大雄殿

Ⅱ. 윤장섭 박사는 『한국의 건축』 고려 목조건축양식론과 조선 목조건축양식편에서 한반도의 불교건축을 다음과 같은 형식으로 나누어 분류하였다.

ⅰ. 고려 목조건축형식

주심포 제1형식	주심포 제2형식	다포식	주심포 제3형식
鳳停寺 極樂殿 浮石寺 無量壽殿(第1形式 과 第2形式의 中間形態로 봄)	修德寺 大雄殿 江陵 客舍門 黃州 成佛寺極樂殿	燕難心源寺 普光殿 博川深源寺 普光殿(尹張燮 敎 授는 記述하지 않았음.1368년 重修)	銀海寺居祖庵靈山殿 浮石寺祖師堂

ii. 조선 목조건축형식

다포식 초기건축	다포식 중기건축	다포식 후기건축	절충식	주심포식
鳳停寺大雄殿(1392)	서울 文廟 大成殿(1605년)	金山寺彌勒殿	平壤 崇仁殿	信川 貝葉寺 寒山殿(1420년경)
安邊 釋王寺 護持門(1392년,1950년 燒失)	서울 昌慶宮 明政殿(1616)	安邊 釋王寺 大雄殿(1731년)	平壤 普通門	江華 淨水寺 法堂(1423년)
開城 南大門(1394년, 1950년 燒失, 1954년 復元)	서울 昌慶宮 明政門(1616년)	達成 桐華寺 大雄殿(1732년)	瑞山 開心寺 大雄殿	靈岩 道岬寺 解脫門(1473년)
永興 璿源殿(1394년)	서울 昌德宮 敦化門(1608년)	論山 雙溪寺 大雄殿(1739년)		康津 無爲寺 極樂殿(1476년)
서울 崇禮門(1448년)	昌寧 觀龍寺 大雄殿(1618년)	慶州 佛國寺 極樂殿(1751년)		昇州 松廣寺 國師殿(1359년)
山青 栗谷寺 大雄殿(壬辰倭亂前 再建, 1679년 重修)	江華 傳燈寺 大雄殿(1621년)	慶州 佛國寺 大雄殿(1765년)		昇州 松廣寺 下舍堂(1450년)
驪州 神勒寺 祖師堂(1469년 創建이라 하나 中期手法이 많음)	江華 傳燈寺 藥師殿(1621년)	陜川 海印寺 大寂光殿(1769년)		昌寧 觀龍寺 藥師殿(15세기)
春城 淸平寺 極樂殿(1557, 1950년 燒失)	報恩 法住寺 捌相殿(1626년)	華城 龍珠寺 大雄殿(1790년)		江陵 鄕校 大成殿(15세기)
金剛 長安寺 四聖殿(1951년 燒失)	靑陽 長谷寺 下大雄殿(1636년)	水原 水原城 八達門(1794년)		安東 開目寺 圓通殿(1457년)
靑陽 長谷寺 上大雄殿(前面은 後期에 改變하였음)	扶安 來蘇寺 大雄殿(1636년)	永興 本宮 正殿(1798년)		
	金堤 金山寺 彌勒殿(1635년)	서울 昌德宮 仁政殿(1804년)		忠武 洗兵館(1603년)
	求禮 華嚴寺 大雄殿(1636년)	長水 鄕校 大成殿(1813년)		達成 道東書院 講堂 및 祠堂(1604년)
	昇州 松廣寺 藥師殿(1639년)	海南 大興寺 大雄殿(1813년)		洪城 高山寺 大雄殿(1626년)
	昇州 松廣寺 靈山殿(1639년)	淸源 安心寺 大雄殿(1816년)		安東 鳳停寺華嚴講堂(17세기 重修)
	梁山 通度寺 大雄殿(1645년)	陜川 海印寺 大寂光殿(1817년)		安東 鳳停寺 古今堂(17세기 重建)
	扶安 開巖寺 大雄殿(1636-1640년)	昇州 仙巖寺 大雄殿(1825년)		麗水 鎭南館(1716년에 再建)
	서울 昌德宮 宣政殿(1647년)	全州 慶基殿(1854년)		羅州 鄕校 大成殿(17세기)
	河東 雙溪寺 大雄殿(1680년)	서울 興仁之門(1869년)		後期建築
	平南 安國寺 大雄殿(1653년)	서울 景福宮 勤政殿(1870년)		全州 豊南門(1788년)
	開城 觀音寺 大雄殿(1660년)	서울 景福宮 慶會樓(1870년) 이 건물은 익공식으로 분류되는 건물임		密陽 嶺南樓(1844년)
	醴泉 龍門寺 大藏殿(1670년)	서울 德壽宮 中和門(1902년)		
	扶餘 無量寺 極樂殿(1679년)	서울 德壽宮 中和殿(1906년)		
	東萊 梵魚寺 大雄殿(1680)			

	高敞 禪雲寺 大雄殿 (1682년)		
	興川 興國寺 大雄殿 (1690년)		
	求禮 華嚴寺 覺皇殿 (1701년)		
	和順 雙峯寺 大雄殿 (1724년)		
	高敞 懺堂寺 大雄殿 (1724년)		

iii. 익공식

초기건축	중기건축	후기건축
陜川 海印寺 藏經板庫(1488년) 初翼工 春城 淸平寺 回轉門 慶州 玉山書院 獨樂堂(1532년) 初翼工 江陵 烏竹軒(1522-1566년) 二翼工 陶山書院 典敎堂, 尙德祠(1574년) 江陵 海雲亭(1530년) 月城 無添堂(1526년) 初翼工	서울 東廟(1601년) 初翼工 서울 宗廟正殿(1608년) 一出目 二翼工 서울 文廟 明倫堂(1606년) 二翼工 서울 社稷壇 正門(1600년대) 初翼工 月城 觀稼亭(16,7세기) 初翼工 南原 廣寒樓(1678년) 1坡出目 二翼工 安東 鳳停寺 古今堂(17세기) 一出目 二翼工 安東 臨淸閣(17세기) 二翼工 安東 養眞堂(17세기) 無翼工 井邑 坡香亭(17세기) 初翼工	水原 華西門(1796년)二翼工 濟州 觀德亭 二翼工 서울 昌慶宮 通明殿(1834년) 二翼工 密陽 嶺南樓(1843년) 一出目 二翼工 서울 德壽宮 咸寧殿(1904년)

Ⅲ. 김정기 박사는 『한국목조건축』의 한국목조건축 개관에서 한국의 목조건축을 시대별로 나누어 고구려의 목조건축, 백제의 목조건축, 신라의 목조건축, 고려의 목조건축, 조선왕조의 목조건축으로 나누었는데 그 분류 방법은 다음과 같다.

고구려 고분벽화	고려	조선		
		주심	다포	익공
舞踊塚 / 角抵塚 龜甲塚 / 龍岡大墓 龕神塚 / 雙楹塚 安岳一號墳 安岳二號墳 三室塚 / 散蓮花塚 環文塚 臺城里二號墳 복사리 벽화분 藥水里壁畵墳 星塚	鳳停寺 極樂殿 浮石寺 無量壽殿 浮石寺 祖師堂 修德寺 大雄殿	無爲寺極樂殿	開心寺 大雄殿 / 鳳停寺 大雄殿 來蘇寺 大雄殿 / 通度寺 大雄殿 無量寺 極樂殿 / 華嚴寺 覺皇殿 金山寺 彌勒殿 / 法住寺 捌相殿 雙鳳寺 大雄殿 / 花嚴寺 極樂殿 安心寺 大雄殿 / 昌慶宮 明政殿 昌慶宮 明政門 / 昌慶宮 弘化門 昌德宮 敦化門 / 昌德宮 仁政殿 景福宮 勤政殿 / 서울 崇禮門 서울 興仁之門 / 水原 八達門 全州 豊南門	昌德宮 宙合樓 昌德宮 芙蓉亭 景福宮 慶會樓 密陽 嶺南樓

4) 송『영조법식』을 통해 본 포작(鋪作)의 정의

포작이라는 명사는 대목작제도에서 해석하지 않았는데 광범위하게 쓰이고 있다. 그러나『영조법식』의 저자 이계(李誠)는 여러 권의 경사(經史)를 연구하는 과정에서 포작(鋪作)이라는 단어의 의의에 대하여 많은 공적을 들여 연구하였으며『경복전부(景福殿賦)』에서 쓴 "桁梧復疊"이라는 구절을 인용하여 〈桁梧〉는 두공(斗栱)[33]이며 모두 중첩되어 있고 그 모양은 모여 있거나 혹은 떨어져 있다고 하였다. 즉 두공은 층으로 겹쳐져 있으며 출다도모(出多跳募) 순서를 포작이라 한다고 하였다. 두공(斗栱)[33]은 모두 斗(栱斗, 交互斗, 濟心斗, 散斗)와 栱(令栱, 慢栱, 瓜子栱, 泥道栱, 華栱) 그리고 昂(上昂, 下昂)으로 구성되어 있으며 포작(包作)의 상부에 놓이는 要斗, 橑檐方을 포함한다. 여기서 건물의 입면에 평행되는 공은 니도공, 과자공, 만공, 영공 등인데 그것을 "횡공"이라 하고 건물의 입면에 수직되는 것을 출초한 공은 화공과 앙이다. 포작이 많고 적은 것은 두공층수의 많고 적음에 따른 것인데 출목살미만 있고 횡공이 없는 경우를 계심조(偸心造)라 하고 출초[34] 위에 반드시 횡공이 있는 경우를 계심조(計心造)라 한다.

또 이 계심조는 포작의 결구방법에 따라 단공조(單栱造)와 중공조(重栱造)로 나눌 수 있다. 즉 단공조는 하나의 횡공만으로 된 경우이고 중공조는 과자공과 만공이 겹친 것이다. 이러한 재분제도(材分制度)로 포작(鋪作)이 결구(結構)되었을 때『영조법식』4권 대목작제도에서는 반드시 출조(出跳)한 공(栱)으로 포작수(包作數)를 세어야 한다고 규정하였다.

이러한 포작 산술방법은 현재 우리나라 전통건축에서 산정하고 있는 포작의 수와 상이한 것이다. 즉,

出一跳(1출목)은 4포작(鋪作)
出兩跳(2출목)은 5포작
出三跳(3출목)은 6포작
出四跳(4출목)은 7포작
出五跳(5출목)은 8포작이다.

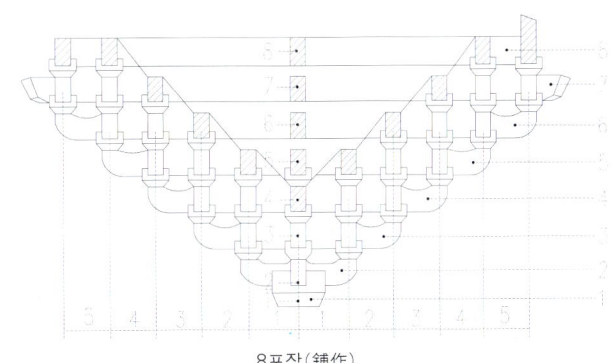

8포작(鋪作)

여기서 우리는 출조(出跳)가 일출조(一出跳)할 때마다 1포작이 증가함을 알 수 있는데 무엇 때문에 출일조(出一跳)는 1포작이 아니고 4포작인가? 법식에서 출일조(出一跳)를 4포작이라고 한 것은 포작의 정의로부터 답안을 찾아야 하는데 바로 "두공의 층수가 서로 겹쳐져 있다"라는 구절이다. 즉 4포작은 4층의 부재가 겹쳐져

---

[33] 송대(宋式) 건축의 두공명칭을 우리나라 건축용어와 비교하면 다음과 같다. ( )안 한국건축 용어이다. 노두(柱頭), 산두(邊小累 혹은 양갈소로), 교호두(柱心小累 혹은 네갈소로), 제심두(행공첨차위 중심소로), 화공(교두형 출목첨차 혹은 제공), 영공(행공첨차), 과자공(소첨차), 만공(대첨차), 니도공(1출목소첨차), 사두(柱心에서는 보머리 부분에 해당되는 부재임)

[34] 우리나라의 고건축 용어로는 출목에 해당된다.

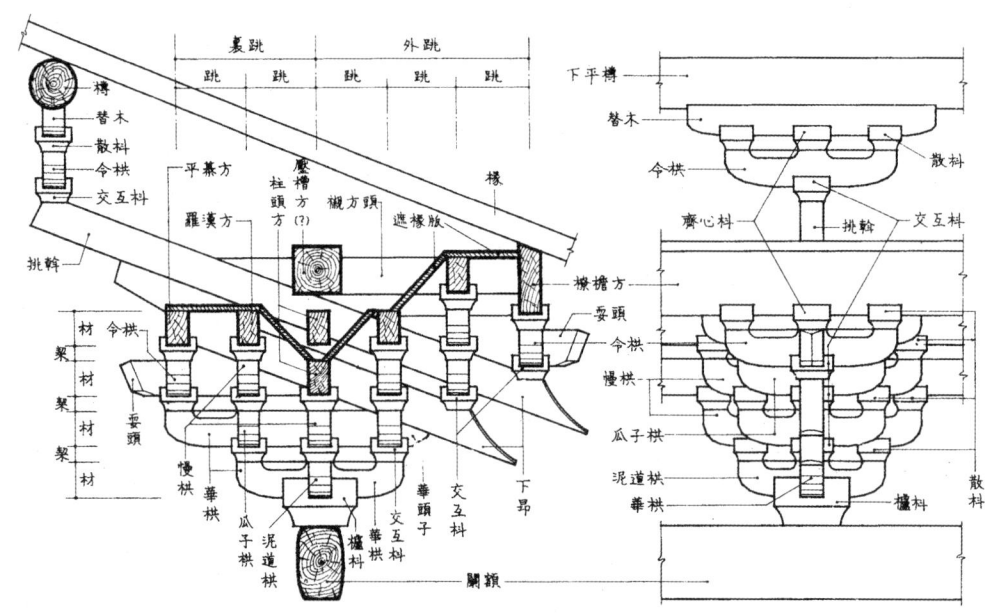

『영조법식』 공포명칭도

있다는 뜻으로 1층(層)은 노두(櫨斗), 2층은 화공(華栱), 3층은 사두(耍頭), 4층은 친방두(襯方頭)이다. 그래서 4포작은 비록 출일조(出一跳)하였지만 노두, 사두, 친방두는 포작을 구성하는 기본적인 부재이다. 따라서 노두가 없으면 하나의 포작이라 할 수 없고, 사두가 없으면 제일 위의 횡공(橫栱) 즉 영공(令栱)의 정확도가 불안정하고 친방두가 없으면 요첨방(橑檐方)의 정확한 위치를 정하기가 어렵다. 영공(令栱)과 요첨방(橑檐方)은 모두 사두(耍頭)와 친방두에 의해 지탱한다. 때문에 하나의 포작은 반드시 이러한 기본적 요소를 갖추어야 하고 출조수(出跳數)에 3을 더하여만 포작수가 산출되는데 다음과 같은 공식이 가능하다.[35]

出一跳 (X) + 3 = 鋪作數(Y)

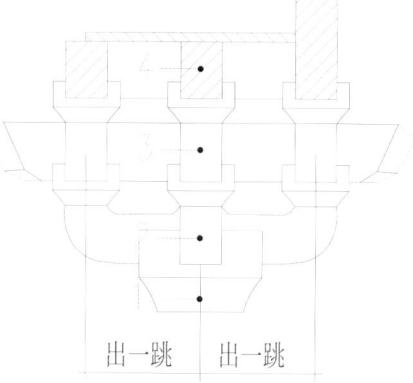

『영조법식』 4포작

여기서 우리는 송 『영조법식』에서 포작수를 계산하는 방법은 우리나라와 다른 점을 발견하게 된다. 현재 우리나라의 경우 포작 수(P)는 2n(출목수)+1로 산출되어 법식에서 이야기하는 짝수의 포작은 있을 수 없다. 이러한 포작 수 산정방법은 오히려 청식(淸式)에 가까워 고려시대의 목조건축 포작분류 방법을 다시 한번 생각하게 하는 기회가 된다. 청식 포작결구방법의 대표적인 방식은 유구두공을 예시할 수 있다. 재분제도에서 제시한 부재들을 현장에서 정확하게 치목하기 위해서 장인들은 재분모수제의 정확한 단위 개념을 이해하여야 한다.

---

35) 郭黛姮, 『宋 營造法式材分 模數制度에 관한 硏究』

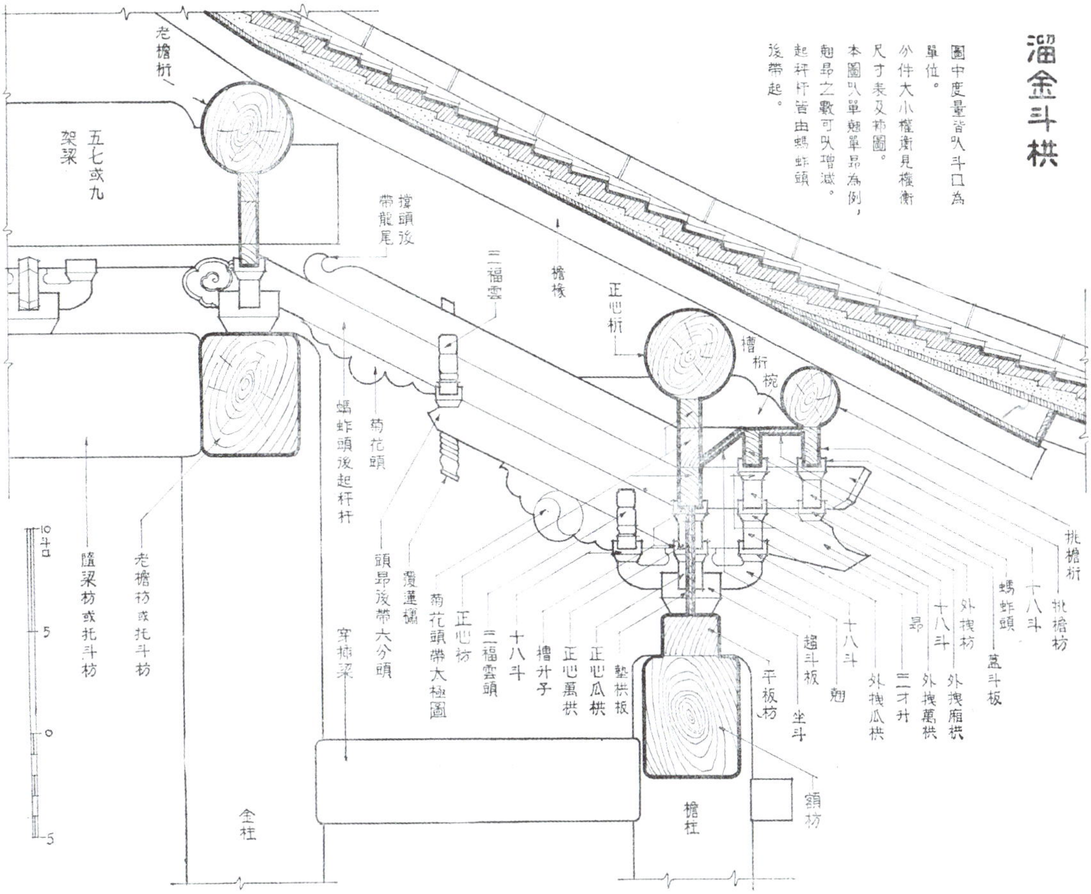
溜金斗栱
圖中度量皆以斗口為單位。
分件大小權衡見權衡尺寸表及補圖。
本圖以單翹單昂為例，翹昂之數可以增減。
起秤杆皆由螞蚱頭後帶起。
老檐桁
五七或九架梁
撐頭後帶龍尾
三福雲
檐椽
正心桁
檐桁椀
挑檐桁
螞蚱頭
十八斗
挑檐枋
蓋斗板
外拽枋
外拽廂栱
十八斗
外拽萬栱
昂
三才升
外拽瓜栱
十八斗
翹
槽斗板
坐斗
平板枋
墊栱板
正心瓜栱
正心萬栱
槽升子
十八斗
三福雲頭
正心枋
菊花頭帶太極圖
覆蓮梢
頭昂後帶六分頭
菊花頭
螞蚱頭後起秤杆
穿插梁
老檐枋或托斗枋
隨梁枋或托斗枋
金柱
檐柱
額枋

청식유금두공 명칭도

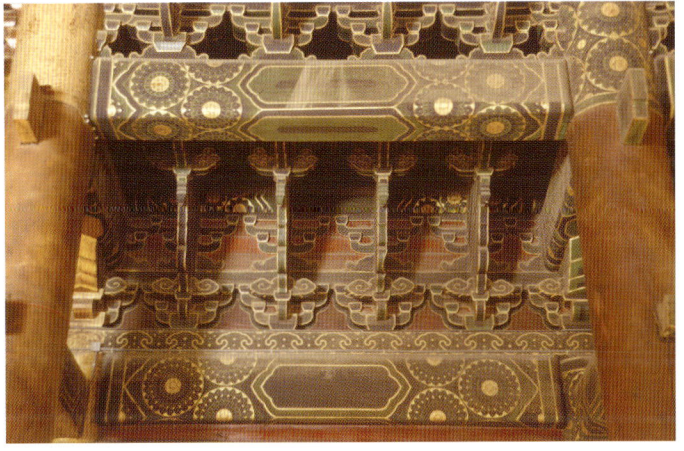

유금두공

5) 포작과 재분제도(材分制度)

재분제도의 역사와 의의

중국에서는 진한(秦漢)시대로 접어들면서 인구의 증가에 따라 많은 도시와 읍(鎭)이 나타나고 대규모의 건설활동이 이루어졌다. 문헌기록에 의하면 이 시기에는 아방(阿房), 미앙(未央), 장락(長樂), 건장(建章)등을 포함한 수많은 궁전(宮殿)이 건설되었다. 넓은 지역에 걸쳐 국가에 의해 대규모의 영조공정(營造工程)이 진행 되려면 현대적 개념의 표준도면이 요구되었을 것이다. 그러나 이 당시만 해도 건축 장인들은 정규교육을 받지 않고 대다수가 숙련된 장인(匠人)들로부터 일정한 규범을 전수받았다. 이러한 전통은 수천년이 지난 오늘날에도 한국 대목장들의 전수과정에서도 잘 나타나고 있다. 그들은 지금도 독자적인 하나의 계보를 형성하여 전수자를 양성하고 있으며 한국 전통건축의 보수는 이들 기능공들에 의해 이루어진다. 이러한 정황은 중국의 고대 장인들 전수과정과 비슷했다고 믿어진다.

국가에 의한 대규모 영건 활동은 바로 재분제도가 나타나게 된 사회적 원인이 되었다. 때문에 각 지방에서는 영조조직(營造組織)들과 영조세가(營造世家)들이 출현하였다. 그들은 각각의 영조기술을 가지고 있었고 이러한 기술은 대대로 전해진 것으로 오랫동안 시행되었던 규범이다. 이러한 전통적인 방법은 건축의 형식과 구조수법을 상대적으로 고정시켰다. 한편 그들은 서로 학습하고 교류함으로써, 각각의 경험을 기초로 하면서 점차 각 지역적인 기술의 공동성(共同性)이 만들어졌다. 이렇게 고정되었던 방법이 바로 재분제도의 전신(前身)이 된다.

만일 대규모의 토목공정(土木工程)을 진행할 때, 통일된 기술 규정이 없다면 많은 곤란이 생길 것이다. 참여하는 장인도 많고, 각각의 기술을 가지고 있기 때문에 작법이 서로 다르고 건물의 형식이 일치되지 않는다. 심지어 동일한 건물에서 여러 가지의 모양이 나타날 수도 있다고 보인다. 따라서 통일된 작법을 사용해야만 건축형식을 통일시킬 수 있으며, 시공 속도가 빨라질 수 있고 경제적인 예산과 시공조직을 이루게 된다.

이러한 배경에서 중국은 일찍부터 건축에 관한 법률 혹은 기술 규범을 제정하기 시작하였다. 그들의 핵심이 바로 재분제도라고 생각된다.『영조법식』에서 재분제도를 처음으로 기록하였는데, 이러한 제도는 의문없이 『영조법식』이 편찬되기 오래 전부터 존재한 것이다. 왜냐하면 이렇게 면밀하고 완비된 제도가 갑자기 만들어지기는 불가능하기 때문이다.

재분제도가『영조법식』의 독립적인 창조가 아니라는 증거는 오래전부터 이미 어떤 재분제도가 적용되었다는 사실에서 볼 수 있다. 수당(隋唐)시기의 벽화, 조각 및 남선사, 불광사 등 건물에서 이미 유사한 제도가 사용되었으며, "재(材)"를 기준으로 하였던 모수(模數)제도가 벌써 성숙하였고,『영조법식』은 다만 이러한 제도를 문자로 기술한 것이다. 이러한 제도는 청대(淸代)까지 줄곧 적용되었으며, 중국 고대 건축 기술의 중대한 성과 중의 하나이다.

모수제

　모수제의 단위는 우리나라에서 쓰이지 않는 생소한 수치이기 때문에 3등재를 예로 들어 설명하고자 한다. 먼저 재분제도에서 3등재는 재(材)의 높이가 7촌 5푼, 너비는 5촌인데 주석(註釋)에 작은 글씨로 "以五分爲一分"이라고 했다.[36] 여기서 오푼이 곧 일푼이라는 뜻은 각 등재에서 기본단위인 일푼(fen)인데 양자간 용어의 착오를 피하기 위하여 일반적으로 후자의 일푼을 一分°로 상용하고 있기 때문에 본 원고에서도 이 부호를 준용(準用)하기로 한다.

　그러면 여기서 오푼은 무엇이고 또 오푼이 一分°이라는 것은 무엇을 의미하는가? 우리는 등급제도에서 모든 1재의 높이는 15分°이고 너비는 10分°임을 밝힌바 있다. 따라서 3등재를 예시하여 설명하면 3등재의 높이는 7寸5分(75分)이므로, 15分° : 75分 = 1分° : X 가 되어 X 값은 5분이라는 숫자를 쉽게 찾아낼 수 있는데 이것이 바로 1分°라는 것이다. 이러한 방법에 의하면 3등재 너비의 값은 5寸 (50分)이므로 10分° : 50分° = 1分 : X가 되어 X 값 5분의 의미를 정확히 알 수 있다. 그러면 또 여기서 정확한 수치개념인 一分°의 값을 구하여야 한다. 이 값을 구하기 위해서는 먼저 영조척을 알아야 한다. 예를 들어 『영조법식』이 성행하였던 송대의 척도는 현재의 미터법으로 계산하면 1尺은 32cm 정도이고 1尺은 10寸, 1寸은 10分이 되므로, 1分은 0.32cm이다. 따라서 위에서 5分이 곧 1分°라고 하였으므로 0.32cm×5= 1.60cm가 1分° 값임을 알 수 있게 된다.

　위에서 정한 3등재 1分°의 절대값(1.60cm)은 복원 설계시 임으로 변경할 수 없다. 이렇게 했을 때 여기서 1재(15分×1.60cm)의 높이는 24cm가 되는데 이 높이는 1개 첨차의 높이이기도 하다. 그러나 여기서 영조척(營造尺)이 변하게 되면 절대값(1分°)도 따라서 변하게 되므로 같은 시대에 지어진 같은 등재의 건물이라 할지라도 대목(大木)이 사용한 영조척에 따라 건물 규모는 얼마든지 달라질 수 있다. 그러나 건물에 적용된 정확한 재분(材分)°을 찾게 되면 건물의 구조해석도 매우 수월해 진다는 장점이 있다

　『영조법식』은 〈대목작제도(大木作制度)〉중에서 먼저 목결구의 모수제인 재분제도를 규정하였고 또 이것이 제일 기본적인 것이라고 인정하였다. 재분제도의 첫 단락에서 즉 "가옥을 짓는 제도는 모두 재를 시초로 하며 재는 8등급으로 나누며 가옥의 크기에 따라 사용한다. 영조법식 중의 대목작제도가 포함하는 주요한 내용은 가옥 결구부분의 목공공정을 가리키며 목구조 건축의 양(梁), 주(柱), 단(槫), 연(椽), 액(額) 및 두공(斗栱)의 각 부재가 각종 유형의 가옥에 쓰일 때의 부동한 치수에 대하여 규정하였다. 또 이런 수치는 몇자 몇치라는 숫자로 표시한 것이 아니라 일련의 재분모수를 제정하여 모든 목결구 부재를 가늠하였다. "재(材)"라는 모수가 포함하는 개념은 현대건축에서 채용하는 2모(模), 3모의 모수개념과는 다르다. "재"는 목결구 건축의 공(栱) 혹은 방(枋)의 단면을 가리키며 하나의 단일한 방향의 치수인 것이 아니라 두 개 방향으로의 치수를 가진 하나의 구형(矩形)단면이며 그 높이와 너비의 비는 15:10이다.

---

36) 이 작은 글씨는 각 등재에 따라 약간씩 다른 수치로 기록되어 있는데 이 수치는 각 등재에 따른 고유수치로 이 값에 의해 등재의 고유값이 정해진다.

15 혹은 10은 재분제도에서 1푼(一分, fen)이라고 한다. 또 15푼에 6푼을 가하여 높이가 21푼, 너비가 10푼인 단면을 구성할 수도 있는데, 여기에서 6푼도 전문명사가 있어 계(契)라고 하였다. 계의 너비는 4푼이다.[37]

이러한 기록들로 미루어 보면 재분제도가 가옥을 짓는데 보편적으로 응용된 시기는 바로 공포가 건물에서 중요한 지위를 차지하던 시기라고 생각된다. 재분제도는 공포 부재들을 조립할 때 높이 방향으로 서로 조합할 수 있도록 만들어진 것으로 나중에 그 운용범위는 건물 전체로 확대되었다고 판단된다.

이렇게 되면 시공자들은 건물의 어떤 규격을 선택하여 적당한 척(尺)을 찾는 일만 필요하게 되므로, 모든 작법을 재차 계산할 필요가 없어졌다. 그 결과 시공속도가 높아지고, 재료를 준비하는 일도 매우 편리하게 되었다.

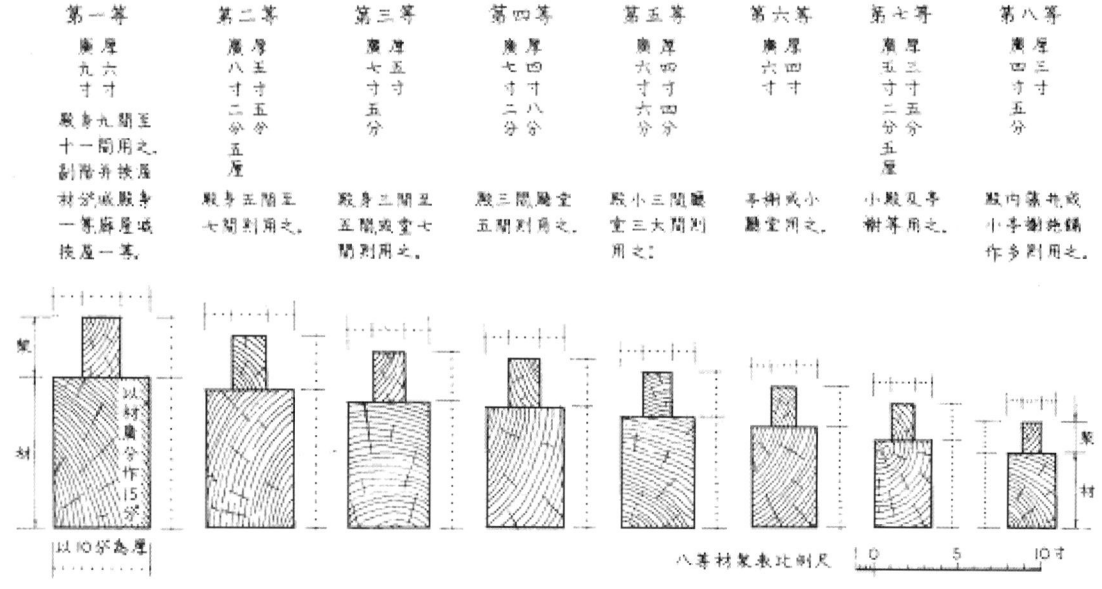

『영조법식』의 재(材)

『영조법식』의 재분제도는 복잡한 내용을 포함하고 있지만, 그 근본적인 어휘(語彙)는 재(材), 재등(材等), 푼치(分值)라고 생각된다. 재는 부재의 표준적인 단면이고, 재분제도의 기본적인 모듈이다. 『영조법식』에서 재는 공(栱) 혹은 소방(素枋)의 단면을 기초로 정하는 것이고, 1재＝15푼×10푼으로 규정하였다. 재등은 바로 재의 등급인데 『영조법식』에서는 재를 8개의 등급으로 나눈다. 푼치는 각 등급 재의 푼의 실제 치수이다. 예로서 3등재의 푼치는 0.5치(宋尺)이다. 재, 재등, 푼치로 구성되는 재분제도는 하나의 척(尺)일 뿐만 아니라 설계방법, 건축물의 표준화, 건축역학, 건축예술 등 여러 방면의 내용을 포함하는 체계인데 지금까지의 발표된 자료로 미루어 보면 주로 많이 사용된 재등은 3~6등재이다.

---

37) 郭黛姮·徐伯安, 『營造法式』, 大木作制度小議, 科技史文集建築史專輯, 四集, 1979.

간살의 길이와 상부하중의 변화에 따라 그에 요구되는 전단력 단면의 허용한계를 산정(算定)하는 것은 현대 설계에서 일반적인 방법이다. 목구조는 단지 보와 도리가 중첩(重疊)되어 상부의 하중을 지탱하였다. 그리고 이들 사이에는 (인자대공, 포대공, 화반대공, 파련대공, 동자주) 등의 부재가 받쳐주고 있었다. 따라서 건물의 규모에 따라 등급에 의한 재분척(材分尺)만을 바꾸면 다양한 규모의 건물을 영건(營建)할 수 있었다. 그리고 가구에 사용된 목재는 거의가 소나무였기 때문에 부재의 인장 및 압축 강도(强度)는 거의 같은 것이었다.

『영조법식』에서 재등이라는 것은 매우 중요한 요소이다. 왜냐하면 재등이 결정되면, 부재의 치수, 지붕(屋面)의 높이, 용마루 높이 등도 결정될 수 있고, 서까래간격, 직경 그리고 보와 도리 등의 단면치수도 이에 따라 결정된다. 또한 재등의 차이에 따라 건축물의 간광(間廣)도 결정된다.

또 『영조법식』 4권에서 "건물을 지을 때 모든 제도는 재를 근본으로 한다"라는 원칙이 설정되어 있는데[38] 건축물에 관한 규격들은 독립된 것이 아니라, 서로 유기적으로 결합되는 것이고, 이러한 건물들은 기하학적으로 유사한 것이다. 따라서 법식에 규정된 등급 기준치인 분치(分値)[39]를 바꾸면 그 규모의 차이가 나타나게 되기 때문에 비례계수(比例係數)는 변화시킬 필요가 없다. 예를 들어 보의 길이가 300분인데, 단지 분치(分値)만 변화시키면 서로 다른 여러 길이의 보를 얻을 수 있다.

따라서 장인들은 보의 길이가 300분인 것만 기억하면, 각 등재의 분치로 부재의 규격을 도량화 할 수 있었다. 그래서 장인들의 우두머리는 공사의 지휘자일 뿐만 아니라 설계자, 시공자의 역할도 겸해야 했다. 지반도(地盤圖 즉, 건축물의 평면도)와 측양도(側樣圖, 건물단면도) 이외에 다른 세부의 작법도 구전(口傳)으로 전수되어 왔다. 이는 바로 글자가 없는 도면이었고, 쉽게 이해할 수 있고 요령있게 기억할 수도 있었다. 재분모수제는 바로 이러한 설계방법의 완벽한 구현이었다고 생각된다.

대목작제도(大木作制度)의 재분모수제(材分模數制)

『영조법식』은 대목작제도(大木作制度)에서 먼저 목결구(木結構)의 모수(模數)제도인 재분제도(材分制度)를 규정하면서 집을 짓는 데 있어 제일 기본적인 근거로 제시하였다. 모수제도인 재(材)와 분(分)은 부재(部材)의 기본척도를 건물의 크기에 따라 입면(立面), 가구(架構) 등에 적용시킨 기본 모듈이다. 『영조법식』은 재분제도의 첫 단락에서 이러한 기본개념을 설명하여 주고 있다. 즉 가옥을 짓는 제도는 모두 재(材)를 기초로 하며 집의 크기에 따라 8등급으로 나누었다.[40]

---

38) 『營造法式』권 4, "凡構屋之制, 皆以材爲祖".

39) 분치(分値)란 것은 재의 8등급에 따라 결정된 매분(每分)의 실제적인 치수이다. 예를 들어 1등재는 0.60, 2등재는 0.55, 3등재는 0.50, 4등재는 0.48, 5등재는 0.44, 6등재는 0.40, 7등재는 0.35, 8등재 분치는 0.30 寸이다.

40) 李誡, 『營造法式』, 中國書店出版, 1995.5.

제1등급은 재의 높이가 9촌이고 너비는 6촌인데 1분은 6分°이다. 전신 9칸에서 11칸 건물에 사용하는데 부계(副階)와 전(殿)에 딸린 협옥(挾屋)인 경우는 채(材)를 1등급 줄인다.

제2등급은 채(材)의 높이가 8촌2푼5리(厘)이고 너비는 5촌5푼인데 1푼은 5分°5厘이다. 전신(殿身) 5칸에서 7칸 규모 건물에 적용한다.

제3등급은 재의 높이가 7촌5푼이고 너비가 5촌으로 1푼은 5分°이다. 전신 3칸에서 전(殿) 5칸 규모나 당(堂) 7칸 건물에 적용한다.

제4등급은 재의 높이가 7촌2푼이고 너비가 4촌8푼이다. 전(殿) 3칸 규모나 청당(廳堂) 5칸 규모의 건물에 적용하는데 1푼은 4分°8厘이다.

제5등급은 재의 높이가 6촌6푼이고 너비가 4촌4푼이다. 전소(殿小) 3칸 규모나 큰 청당(廳堂) 3칸에 적용하며 1푼은 4分°4厘이다.

제6등급은 재의 높이가 6촌이고 너비는 4촌이다. 1푼은 4分°로 정사(亭榭)나 작은 규모의 청당 규모의 건물에 적용한다.

제7등급은 재의 높이가 5촌5푼5리이고 너비는 3촌3푼이다. 1푼은 3分°5厘로 소전(小殿) 및 정사 등의 건물에 적용한다.

제8등급은 재의 높이가 4촌5푼이고 너비는 3촌이다. 1푼은 3分°로 전(殿) 내부의 조정(藻井)이나 작은 정사(亭榭)에 포작(包作)을 설치하는 경우에 적용한다.

〈『영조법식』의 재분제도의 구성과 각 등재의 응용범위〉

재 등 (材 等)	재치(材寸) (15푼 10푼)	푼치(分值) (寸)	건물적용범위
1등재	9.00 x 6.00	0.60	전당(殿堂)구조 9-11칸
2등재	8.25 x 5.50	0.55	전당구조 5-7칸
3등재	7.50 x 5.00	0.50	전당구조 3-5칸, 청당(廳堂)구조 7칸
4등재	7.20 x 4.80	0.48	전당구조 3칸, 청당구조 5칸
5등재	6.60 x 4.40	0.44	작은 전당 3칸, 큰 청당 3칸
6등재	6.00 x 4.00	0.40	정자, 작은 청당 등
7등재	5.25 x 3.50	0.35	작은 건물
8등재	4.50 x 3.00	0.30	전당의 조정(藻井), 작은 정자 등

『영조법식』의 재분제도에서 정한 8등급의 등재는 등차급수로 체감된 것이 아니라 아주 분명하게 3조로 나누어진다는 것을 발견하게 된다.

즉, 첫 번째 1·2·3등재는 궁전의 전각 등 대형건축에 사용되어 각 등재(等材) 사이의 높이는 0.75촌, 너비는 0.5촌의 차이가 있음을 알 수 있다.

두 번째 4·5·6등재는 각 등재 사이에서 높이는 0.6촌, 너비는 0.4촌의 차이가 있는데 청당 유형(廳堂類

型)의 중형건물에 사용되었음을 알 수 있다.

세 번째의 7·8등재에서는 재의 높이는 0.75촌, 너비는 0.5촌의 차이가 있는데 정자(亭子) 및 건물내부의 천장에 사용되었음을 알 수 있다.

이러한 내용을 정리해 보면 전각 유형의 건축군에서 각개의 건축은 주요하게 첫 번째 조의 재를 사용하였고 또 청당 유형의 건축군은 기본적으로 두 번째 조에서 선택되었음을 알 수 있으며 또 이들 건축 군에서 부속건물 즉 정자 등의 유형은 제3조의 등급을 사용했음을 알 수 있다.

이러한 등급제도에 의한 건축물이 일정한 공간에 군집을 이룰 때 이들은 보다 조화를 이루는 건축군으로 나타날 수 있다.

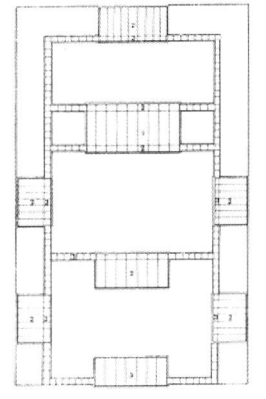

건축재등제도(건물 내의 숫자는 건물 등재를 표시한 것임)

또 여기에서 찾아볼 수 있는 하나의 요소는 제1조의 3등재와 제2조의 4등재는 다른 등재의 차이보다 더욱 작아 높이는 0.3촌, 너비는 0.2촌 차이밖에 나지 않는다. 이러한 현상은 전각과 청당 2가지 유형의 건축군에서 각 건축의 등급이 서로 교차하여 조화를 이룰 수 있도록 하기 위한 것으로 전각 유형의 건축군에서도 4등재의 건물이 있을 수 있고 또한 청당 유형의 건축군에도 3등재의 건물이 있을 수 있다는 것을 알게 된다.

또 『영조법식』 중의 대목작제도에서 포함하는 주요 내용은 건물결구 부분의 목공공정(木工工程)을 가리키며 양(樑), 주(柱), 도리(道里), 연목(椽木), 평방(平枋), 두공(斗栱)의 각 부재가 각종 유형의 집에 쓰일 때는 서로 다른 치수에 대하여 규정하였다.

또 이러한 치수는 몇 자 몇 치라는 절대적인 숫자로 표시한 것이 아니라 일련의 재(材), 분모수(分模數)를 제정하여 모든 목결구 부재를 가늠하였다.

재분모수재(材分模數制)에 의한 부재(部材) 치목(治木)

『영조법식』에서 제시한 각 두공부재의 세부작법을 살펴보면 먼저 기둥 위에 놓이는 노두(櫨枓), 주두(柱頭)는 전체 높이가 20分°이고 너비는 32分°이다. 주두턱의 높이와 아래굽의 높이는 다같이 8分°인데 주두의 밑면 양쪽 4分°을 곡면으로 처리하는데 후림의 정도는 1分°이다. 상면에 十자(字) 홈을 파서 첨차와 쇠서가 끼이도록 했는데 갈의 너비는 10分°이고 깊이는 8分°이다.

소루(小累)는 크게 나누어 3가지로 분류하였다. 교호두(交互枓)(네갈소로)의 전체 높이는 10分°, 너비는 정면이 18分°, 측면은 16分°인데 소로턱 높이와 아래굽은 모두 4分°씩이고 턱의 너비는 정면이 4分° 측면이 3分°이며 양쪽을 옆갈따기 하였다. 밑면 양쪽에서는 2分°를 접어 곡면으로 처리했는데 그 후림은 0.5分°이다. 산두(散枓, 양갈小累)의 높이는 교호두(交互枓)와 같은데 그 턱의 너비만 정면이 14分°, 측면이 16分°이다. 이밖에 첨차중앙에 사용하는 제심두(齊心枓)와 평좌의 출두목 아래에 사용하는 제심두(齊心枓)가 있는데 그 모양과 크기는 대동소이하다.

건물의 입면에 평행 되는 공(栱)은 니도공(泥道栱), 과자공(瓜子栱), 만공(慢栱), 영공(令栱) 등인데 그 크기가 모두 다르다. 먼저 니도공(1출목 소첨차)은 높이가 15분이고 길이는 62分°이다. 양쪽 마구리는 위에서 6分°직각으로 내려와 9分°은 (卷殺)하는데 그 방법은 9分°높이를 4등분한다. 다음은 첨차의 양단에서 수직으로 선을 내려 첨차의 하단 꼭지점에서 각각 안쪽으로 3.5分°씩 4번 들여 안쪽에서부터 4등분한 꼭지점의 아래 절점부터 연결하고 두 절점이 만나는 부분을 엇비슷하게 접으면 된다. 첨차의 전체 높이 15分°, 턱높이 10分°, 턱너비 8分°, 공안(栱眼) 3分°씩은 모든 공(栱)에서 동일하다. 과자공(소첨차)은 니도공과 높이, 길이는 같지만 첨차의 하단 꼭지점에서 4.0分°씩 들여 권살(卷殺)를 접었다. 영공(행공첨차)은 길이가 72分°인데 마감수법은 과자공과 동일하다.

마지막으로 만공(대첨차)은 길이가 92分°인데 공의 하단에서 3分°씩 안으로 권살하였고 마감수법은 다른 공과 동일하다.

공과 어우러져 포작(鋪作)을 이루는 중요 수직재로는 화공과 앙, 사두가 있다. 먼저 화공(출목제공)에 대해 기술하면 전체 높이는 15分°으로 첨차의 높이와 동일하고 길이는 72分°으로 영공과 같다. 화공의 밑면 중앙에는 너비 20分°, 깊이 5分°의 턱을 두어 주두와 맞물리게 되어있고 첨차와 교차하는 부분에 너비 10分°, 깊이 1分°의 맞물리는 홈이 있다. 화공의 양단(兩端)은 영공 양단에서와 같은 수치로 권살하였다.

이때 각 출목의 외부 간격은 제1, 제2, 제3출목에서 30分°이고 마지막 下昻 내밀기는 23分°이다. 그리고 하앙 끝 후림율은 가운데와 그 끝의 두께가 2分°이다. 내부의 출목간격은 1출목에서는 외부와 마찬가지로 30分°이고 2,3출목에서는 26分°, 마지막 공두의 내밀기는 25分°이다.

이러한 재분모수제에 의한 치목의 부재수치는 모두 등재에 따른 고유 푼 수 값에 따라(등재값×부재의 고유分°) 결정되므로 현장에서 실무를 담당하는 장인이 몇 등재로 치목을 하느냐에 따라 부재의 길이가 달라지게 된다.

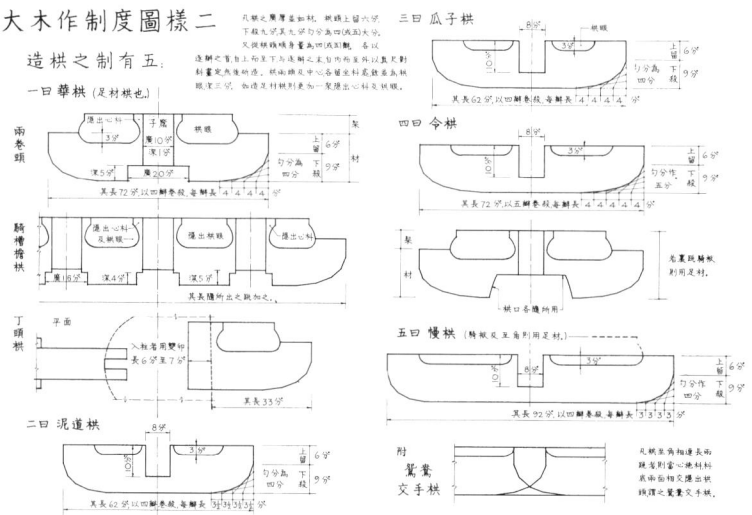

『영조법식』 첨자 작법 상세

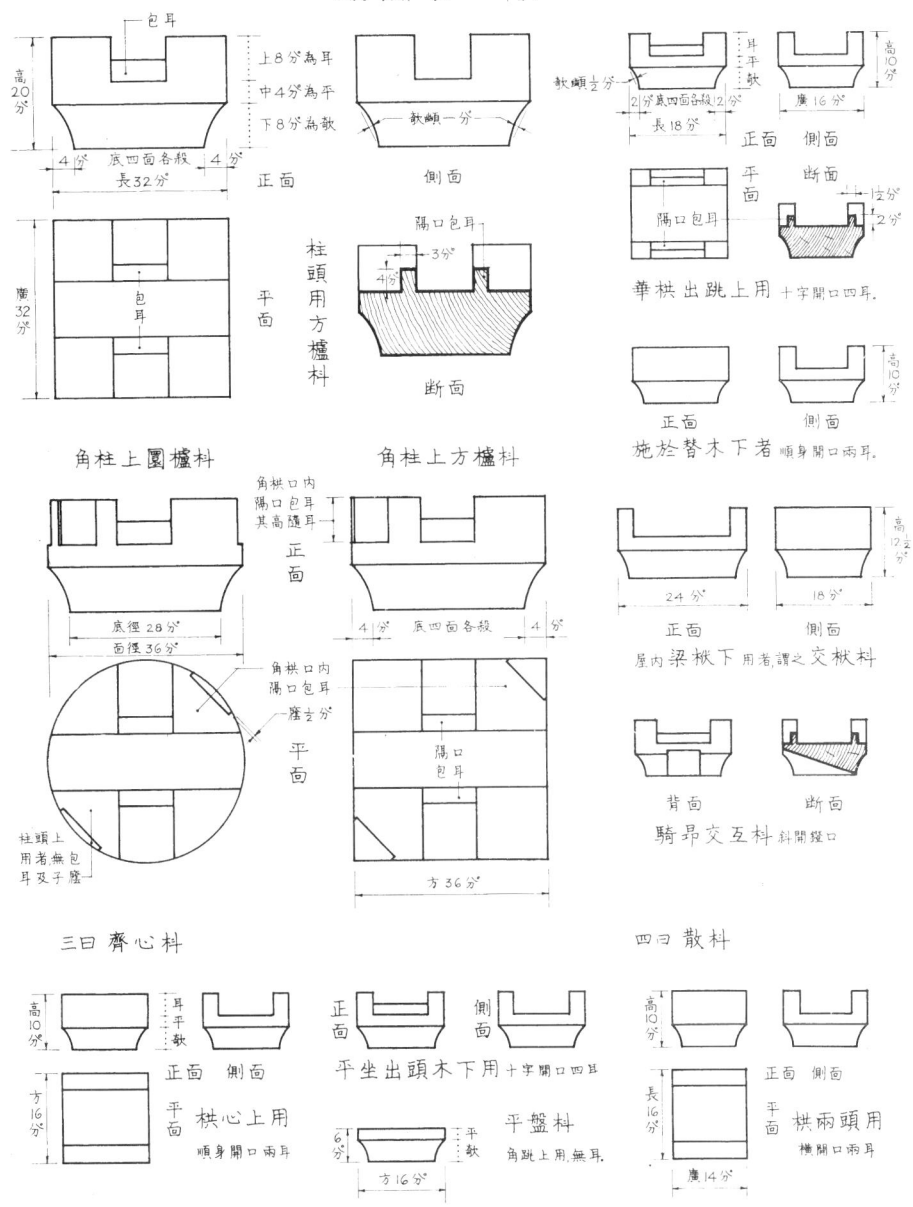

『영조법식』주두 및 소로 작법 상세

6) 한국목조건축의 흐름과 수상재

우리나라 목조건물의 포작수(包作數) 산정방법(算定方法)은 중국과 비교해 볼 때 건물 수평방향(水平方向)에 놓인 횡공(橫栱)인 첨차수를 산정하는 것으로 청대(淸代)에 발간된『공정주법(工程做法)』상의 횡공 부재인 正心瓜栱(주심소첨), 正心万栱(주심대첨), 外拽瓜栱(출목소첨), 外拽万栱(출목대첨), 外拽廂栱(행공첨차)의 부재를 산정하고 있음을 알 수 있다. 중국건축에 있어 송식건축과 청식건축은 건물이 지어진 시기가 다르고 구조의 기본개념이 상이하기 때문에 청식구조의 기본개념을 우리나라 고려시대 목조건물에 적용하면 시기적으로도 부적당할 뿐만 아니라 포작수를 산정하지 못하는 모순점이 발견된다. 따라서 중국의 송식건축(宋式建築)과 청식건축(淸式建築)은 기둥상부의 포작산정 방법이 서로 다르기 때문에 청식건축의 구조개념을 기준으로 우리나라 고건물에 일률적으로 적용하여 해석한다는 것은 약간의 문제점이 있다. 그러나 이들 기준은 어디까지나 중국의 목구조 포작산정 기준이기 때문에 그 자체를 바로 우리나라 목조건물에 적용하는 것도 문제가 없는 것이 아니다. 그렇지만 주심포와 다포, 익공양식 등 포괄적으로 정의되어 있는 양식의 분류는 그 구조적인 개념이 명확하지 않아 특히 주심포와 익공을 분류함에 있어 혼란을 주고 있는 것이 사실이다.

따라서 삼국시대 목조건축의 요소들을 추정하여 현재 남아 있는 고려시대 목조건축물을 분류해 보는 작업이 무엇보다도 선행되어야 한다고 생각한다. 이렇게 볼 때 기둥 위에 포작이 짜여진 제일 간단한 형태의 공포는 살미가 생략되고 첨차 위에 바로 소로를 놓아 도리를 받치는 구조이다. 실제 이러한 형태로 포작을 구성한 고대 건물은 전해오지 않지만 중국의 한대 석궐이나 수·당대의 석굴 등에서 많은 실례가 있다. 그리고 우리나라 남원 실상사 백장암삼층석탑의 1층 탑신 위에서도 이러한 단공조의 공포가 사용되고 있음을 볼 수 있다.

살미가 외부로 돌출되는 포작구조는 수·당대에 조성된 돈황석굴의 벽화와 당나라 의덕태자묘 현실에 그려진 포작에서 그 형태를 찾아 볼 수 있다. 여기에 묘사된 각종 두공의 형태는 현존하는 당대(唐代) 건물인 남선사 대전과 불광사 대전의 공포와 별다른 차이를 보이지 않고 있으며 또한 대동의 운강석굴에 묘사된 각종 두공에서도 이러한 형태의 공포를 쉽게 찾아볼 수 있다. 그런데 운강석굴에서는 고구려 고분에서 나타나는 많은 장식적인 요소가 보이고 있는데 북송대에는 많은 고구려 유민들이 이곳으로 이주한 사실이 있어 이에 대한 연구결과도 주목된다고 하겠다.

아울러 고구려 고분벽화에도 각종 공포도가 그려져 있는데 이들 공포도를 분석해보면 거의가 출목살미에 첨차가 놓이지 않는 투심조 구조를 이루고 있다. 그러나 이들

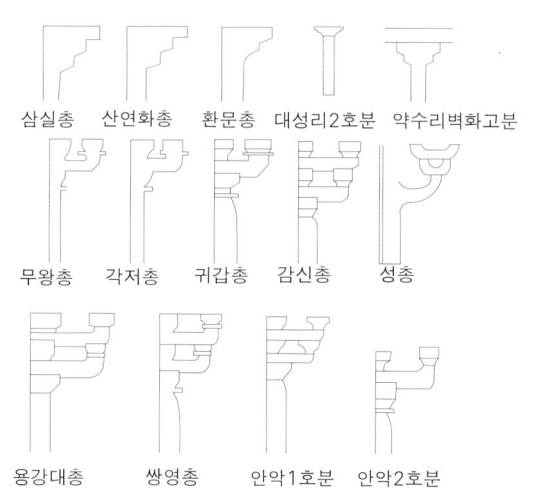

고구려 고분벽화 속에 나타난 공포

벽화에는 중국의 벽화에 묘사된 공포처럼 하앙구조의 공포를 짜고 있는 예는 하나도 없다.

고분벽화에 사용된 첨차의 형태는 거의가 교두형을 이루어 장식성이 배제되었는데 이러한 형태의 첨차는 남선사 대전과 불광사 대전에서도 같은 형태를 이루고 있다.

따라서 우리나라에 현존하는 목조건물의 공포는 첨차와 살미의 형태가 교두형으로 된 것과 수덕사 대웅전의 공포와 같이 살미의 끝이 길게 빠져나온 형태로 분류해 볼 수 있으며 "이들 형식을 크게 나누어 백제계 주심포 형식과 신라계 주심포 형식으로 분류하는 학자도 있다"[41]. 이것은 고려시대 건축에서 신라문화권의 내륙지역과 백제문화권의 한반도 서남해안 지역이 서로 다른 형식의 공포와 가구방식을 사용하고 있다는 현상과 유사하고 고구려계나 북방계의 영향을 받은 신라의 공포형식이 경주권역을 중심으로 고려 주심포계 건물로 연결되고 다시 조선시대의 무앙계(無昻系) 공포형식으로 이어진 것이 아닌가 하는 의구심을 가지게 한다.[42] 그리고 서해안 지역을 중심으로 중국의 남방적 요소가 보이는 헛첨차와 앙(昻)을 사용한 주심포가 고려 주심포계로 이어지고 다시 조선시대의 쇠서와 앙서로 나타난다는 것을 추정해 볼 수 있는데 이들 공포의 짜임은 조선시대로 내려오면서 서로 융합되어 한국적 공포의 특징적인 요소로 남았다고 생각된다. 따라서 우리나라 목조건축의 양식 분류는 이러한 시대적 배경이 우선되어야 하고 그 포작의 결구방법에 따른 기법들도 함께 조사되어야 한다. 따라서 청대(淸代)의 『공정주법(工程做法)』 방식으로 포작수(包作數)를 산정(算定)하

〈한국의 초기공포〉

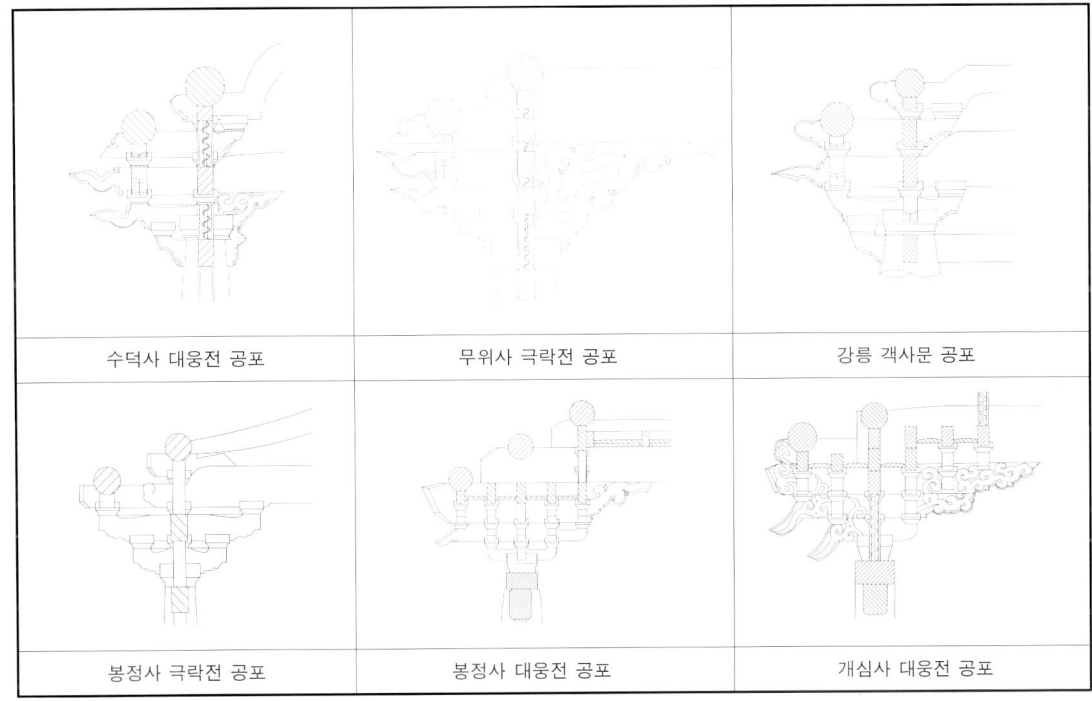

| 수덕사 대웅전 공포 | 무위사 극락전 공포 | 강릉 객사문 공포 |
| 봉정사 극락전 공포 | 봉정사 대웅전 공포 | 개심사 대웅전 공포 |

---

41) 張慶浩, 『昌山 金正基 博士 華甲記念論文集』, 〈柱心包形式의 再考〉, 昌山金正基博士 華甲記念論叢刊行委員會, 1990. 3.

42) 장헌덕·배병선, 『한국의 고건축』 제 13호, 국립 문화재연구소, 1991. 12. 95쪽.

게 되면 봉정사 극락전이나 부석사무량수전 등과 같은 건물은 포작 산정 방법 해석상에 많은 논란의 여지가 있다. 뿐만 아니라 수덕사 대웅전, 부석사 조사당, 은해사 거조암 영산전 등 헛첨차를 사용하고 있는 건물의 포작 해석도 문제로 남게 되어 연구의 과제가 된다. 그리고 헛첨차를 가진 수덕사 대웅전이나 부석사 조사당과 같은 건물은 송『영조법식』에도 서술되지 않았고 실제 이러한 유형의 포작 구성은 중국의 남쪽지방에서만 볼 수 있기 때문에 또하나의 분류가 가능하다. 그리고 이 지방의 건축기술서인『영조법원(營造法原)』에서는 이러한 헛첨차(蒲鞋頭)의 사용에 대하여 명확한 포작개념이 설명되어 있지 않지만 그 구조적인 특징으로 미루어 보면 출목살미가 단지 주두 아래에서 빠져 나왔다는 기법상의 문제이다. 따라서 주심포와 다포의 개념은 그 포작이 놓이는 위치뿐만 아니라 그 포작이 짜아지는 결구방법에 대해서 중국의『영조법식』에서처럼 투심조나 계심조와 같은 명확한 정의가 있어야 된다고 생각한다. 지금 한반도에 남아있는 고려시대 건물 중 수덕사 대웅전, 성불사 극락전, 무위사 극락전, 강릉 객사문 등에서는 중국 남방지역인 절강성(浙江省)과 복건성(福建省) 등지에서 보이는 세부 건축적인 요소들을 볼 수 있다.

또한 봉정사 극락전, 은해사 백흥암 극락전, 대비사 대웅전, 봉정사 대웅전, 개심사 대웅전 등의 건물에서는 중국북방계통의 포작결구 요소가 보이고 있어 이들 건축의 비교연구를 통해 한반도 목조건축 편년을 심도있게 연구할 수 있다.

역사적으로 볼 때 7세기를 전·후하여 많은 승려와 사신들이 당(唐)의 수도인 장안(長安) 등지를 왕래하였으며, 이 시대의 선진문화와 제도가 한반도 문화에 상당한 영향을 끼쳤다는 것은 의심할 여지가 없다.

뿐만 아니라 그 이후의 역대왕조는 중국대륙과 빈번한 교류를 진행시켜왔다. 그 한 예로 송의 사신 서긍(徐兢)이 지은『고려도경(高麗圖經)』은 당시 건축문화의 교류적인 사항을 잘 설명하여 주고 있다. 그러나 이러한 수많은 역사적 교류사실에도 불구하고 한반도에는 송『영조법식』과 같은 건축전문서적이 전해져 오지 않아 당시의 건축이 어떤 규범에 의하여 조영 되었는지는 아직도 의문에 쌓여 있다. 다만 18세기를 전후하여 실학사상에 의해 영건된 수원성(華城) 공정(工程)을 기록한『화성성역의궤(華城城役儀軌)』와 조선시대 궁궐을 수리할 때의 기록인『창덕궁영건의궤(昌德宮營建儀軌)』,『경복궁영건의궤(景福宮營建儀軌)』 등이 전해오고 있다. 그러나 여기에는 송『영조법식』에서 정한 3:2와 같은 모수제, 혹은 청(淸)의『공정주법(工程做法)』에서 정한 두구제(斗口制)와 같은 개념은 기록되어 있지 않아 당시 어떠한 기본척도가 사용되었는지는 확실히 알 수 없다.

그래서 한국목조건축에 사용된 기본 "재"의 산정은 아직까지도 이에 대한 이론이 정립되지 않았다.

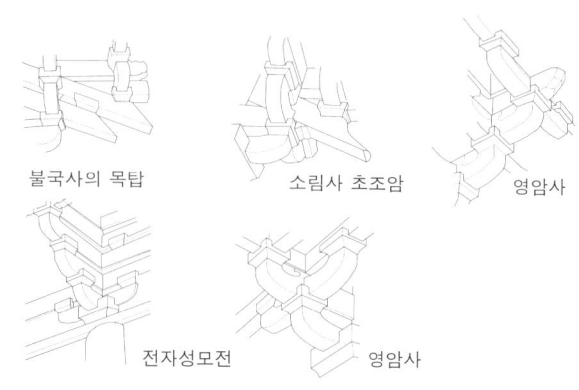

불국사의 목탑 소림사 초조암 영암사

전자성모전 영암사

중국의 포작

따라서 중국에서와 같이 목조건물 영건에 기준이 되는 "재" 혹은 두구와 같은 기본척도를 찾아 한국목조건축을 기술사적 입장에서 정리하는 것은 무엇보다도 중요하다. 이러한 결과를 도출하기 위해서는 현재 남아있는 고려시대 건물과 조선시대 초기의 대표적인 건물을 선정하여 이들 건물에 나타나는 수치들을 면밀히 검토하여 그 결과에 의해 각 건물에 사용된 영조척을 산정하여야 한다.

이러한 작업을 진행하기 위하여 고대로부터 한반도 건축문화와 많은 연관관계가 있다고 생각되는 송『영조법식』의 재분제도를 인용하여 한반도 목조건축을 해석하는 하나의 방안으로 생각해 볼 수 있다.

먼저 "재"는 표준재로 선정된 부재라 할지라도 장기간에 걸친 자연적인 변형, 그리고 수차에 걸친 보수, 실측과 치목과정에서의 오차 등으로 인해 동일 부재에서도 약간의

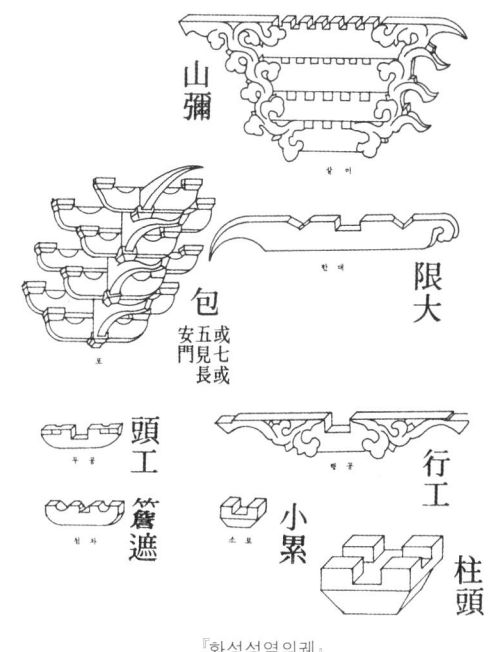

『화성성역의궤』

차이가 있다. 그러나 대다수의 건물에서 집중적으로 나타나는 수치분포를 선택하여 객관적인 자료를 얻어야 한다.

이 책에서 지칭한 표준부재도 마땅히 지칭할 명칭이 없기에 『영조법식』에서 정한 "재"의 용어를 준용(準用)하였다. 『영조법식』에 의하면 "재"는 목결구 건축의 공(栱) 혹은 방(枋)의 단면을 가리키며 하나의 단일한 방향의 치수가 아닌 두 개 방향으로의 구형(矩形) 단면으로 그 높이와 너비의 비는 15:10이다.

이러한 의미에서 선정된 "재"의 단위가 될 수 있는 "방(方)"은 평기방(平棊方), 나한방(羅漢方), 주두방(柱頭方)이다. 이들 부재는 구조적으로 보면 모두 동일한 단면을 가져야 되지만 실제 건물에서는 약간의 차이가 있다. 또한 과자공(瓜子栱), 니도공(泥道栱), 만공(慢栱), 영공(令栱), 화공(華栱)도 『영조법식』에 의하면 동일한 단면을 가져야 한다. 그러나 이들 부재 간에도 역시 약간의 차이가 나타난다.

그러나 분석대상의 실측자료 치수 분포는 대다수 정황에서 "방(方)"보다 "공(栱)"의 수치가 비교적 균일한 분포를 나타내고 있어 여기에서 제시한 수치는 "공"의 부재를 선정하여 "재"의 기본단위로 삼았다. 이러한 분석을 통하여 볼 때 한국목조건축물의 "재"의 단면비는 시대에 따라 약간씩의 차이를 보여주고 있었다.

즉 고려시대 건물인 봉정사 극락전 등에서는 $\sqrt{3}:1$의 비를 보이고 조선시대 초·중기 건물에서는 거의 송 『영조법식』과 같은 3:2의 비를 보이고 있었다.

예를 들어 봉정사 극락전의 부재 중에는 수직방향으로 224mm, 230mm 등 서로 근사한 치수가 반복적으로 나타나는데 이러한 높이의 차이는 치목과정에서의 오차라기보다는 여러 번에 걸친 보수시의 변형으로 보인다. 그러나 이 건물에서는 230mm의 치수 이외에 다른 치수(264mm)도 있다. 그러나 1재로 산정한 부재

의 폭은 거의가 130mm이다. 부재의 폭은 비록 보수시 신부재(新部材)로 교체된다 하더라도 반드시 구(舊)부재와 결구되어야 하는 목조건물의 구조적 특성 때문이다.

봉정사 극락전에서 산정(算定)된 재를『영조법식』의 용어에 대비하여 볼 때 이러한 치수가 갖는 의미는 다음과 같다:

- 230mm=단재고(單材高, 材高)
- 264mm=족재고(足材高=單材高+契高)
- 130mm=재폭(材幅)

따라서 극락전의 1재는 230mm×130mm로 이때 재 단면의 비(比)는 1.77:1로서『영조법식』의 3:2와는 다르다. 그러나 재 등급의 산출 방법에서는『영조법식』의 분수산정 방법을 인용하여 15:10으로 계상 하였다. 왜냐하면 √3은 황금비로 매우 좋은 비례를 가지지만 푼수(分數) 산정에서는 높이와 너비가 정확하게 나누어지지 않기 때문이다. 이러한 비에 대하여 고려시대 건물인 봉정사 극락전과 부석사 무량수전의 푼치(分値)를 21푼×12푼(1재)으로 산정한 논문도 있다.[43]

영조법식에 의한 비례로 우리나라 중요 목조건축물의 분치를 계산하고 거기에서 얻어진 재분을 통하여 법식에서 규정한 재분수와의 관계를 아래와 같이 예시해 볼 수 있다.

〈한국 중요 목조건물 분석표〉

건물명	높이 x 너비	등재고유값	재등	건물년대
안압지출토부재	25.0×14.0 / 15×8.75	1.60	3	신라(7C)
안압지출토부재	22.9×14.1 / 15×9.22	1.53	3	신라(7C)
봉정사극락전	23.0×13.0 / 15×8.49	1.53	3	13C이전
성불사응진전	19.0×12.0 / 15×9.52	1.26	7	13C이전
부석사무량수전	25.8×15.7 / 15×9.13	1.72	2	13C이전
수덕사대웅전	24.2×13.6 / 15×8.40	1.62	3	14C(1308)
강릉객사문	21.0×11.6 / 15×8.29	1.40	5	13C이전
무위사극락전	21.2×10.6 / 15×7.51	1.41	5	15C초엽
도갑사해탈문	21.0×12.0 / 15×8.58	1.40	5	15C초엽
개심사대웅전	20.0×10.6 / 15×7.91	1.34	6	15C초엽
봉정사대웅전	15.0×10.5 / 15×10.5	1.00	8	15C초엽
관룡사대웅전	18.5×12.1 / 15×9.76	1.24	7	17C중엽
개암사대웅전	18.1×12.0 / 15×9.92	1.21	7	17C중엽
용문사대장전	17.5×11.0 / 15×9.41	1.17	8	17C중엽
율곡사대웅전	15.0×12.0 / 15×12.0	1.00	8	17C중엽

※ 재등(材等)은 영조법식을 참고하여 분류한 것임

---

43) 李華東, 前揭書

그러나 영조법식에서와 같이 각 등재에 의한 고유분치를 정하는 것은 좀 더 신중히 결정되어져야할 문제이기에 여기서는 단지 하나의 안을 시론(試論)으로 제시하였다. 정확한 실측자료가 아닌 일반적인 수치로 "재"와 등급을 분류했을 때 많은 혼돈을 피하기 어렵기 때문이다.

〈한국목조건물 재분제도 구성과 등재의 응용범위〉

재 등	재의고유값 (15푼×10푼)	등재고유값 (촌)	건물적용범위
일등재	계산	0.59 曲尺	전당(殿堂)구조 9-11칸
이등재	8.25 x 5.50	0.56 曲尺	청당구조 5-7칸
삼등재	7.50 x 5.00	0.53 曲尺	청당구조 3-5칸,
사등재	7.20 x 4.80	0.50 曲尺	청당구조 3칸
오등재	6.60 x 4.40	0.40 曲尺	작은 청당 3칸
육등재	6.00 x 4.00	0.30 曲尺	작은 청당
칠등재	5.25 x 3.50	0.20 曲尺	작은 청당
팔등재	4.50 x 3.00	0.10 曲尺	작은청당, 정자(亭子)등

이상의 도표에서 보면 조선시대 건물인 봉정사 대웅전, 율곡사 대웅전에서는 그 분치와 재등이 건물의 규모에 비해 작게 나타난다. 이것은 "재"로 선정된 부재의 단면치수가 다른 건물 부재의 단면에 비해 작기 때문이다.

7) 주고(柱高)와 포작(鋪作) 높이의 관계

중국 두공(斗栱)의 발달사를 살펴보면 당대(唐代)와 요대(遼代) 초기의 두공(斗栱) 높이와 기둥 높이의 비례는 일반적으로 약 40%~50%인데 이러한 비례는 당대(唐代) 건물의 특징을 나타내기도 한다. 요대(遼代) 중엽을 거쳐 송(宋), 금(金)시기에 이르면 그 비례는 약 30%로 낮아지고 원대(元代)에는 약 25%, 명대(明代)에는 약 20%, 청대(淸代)에는 약 12%로 점차 낮아진다. 이 때문에 두공(斗栱)의 규모와 기둥과의 비례는 항상 건물의 건립연대를 추정하는 중요한 근거 중의 하나가 되었다. 이러한 관점에서 본다면 우리나라 고려시대 건물인 봉정사 극락전과 부석사 무량수전 공포와 기둥의 비례는 40%~50%가 되어 당대(唐代) 혹은 요대전기(遼代前期) 건물의 성격을 가지고 있으며 수덕사 대웅전은 약 30%로 송대(宋代) 건물의 비례와 비슷하다. 그러나 우리나라 긴물에 대해서는 지역과 시대에 따른 더 많은 자료분석 결과를 도출해야 중국건물에서와 같은 비례가 정리될 수 있을 것이다.

청대(淸代)『공부공정주법칙례(工部工程做法則例)』와는 달리 송『영조법식』에서는 기계적으로 건물의 크기나 외관적인 형태를 제한하지 않았다. 기둥, 공포, 지붕의 높이[44] 등은 고정된 것이 아니기 때문에 실제로

---

44) 여기서 屋頂高는 檐檩枋(외목도리)에서부터 脊榑(종도리) 위에까지의 높이를 말한 것이다.

설계할 때 설계자에게 상당한 융통성을 부여하였다. 예를 들면 기둥 높이는 200~400푼이고, 공포의 높이는 노두(櫨枓) 밑에서부터 요첨방(橑檐方)위까지 공포 종류에 따라 대체로 높이가 다르게 나타난다. 그래서 건물 규모에 따라 지붕의 높이는 여러 변화가 생길 수 있다. 그러나 실제적으로 건물 규모에 따라 간살의 규모는 기둥높이와 관계가 있고 포작수는 포작의 높이를 제한하는 요소로 작용하였으며 도리의 숫자는 옥개부의 높이를 제한하는 일정한 관계가 있기 때문에 기둥, 포작, 옥개부 사이에는 일정한 비례 관계가 나타난다.

한국의 목조건축에서는 이러한 관계가 공식으로 정해져 있지 않는데 『영조법식』에서는 기둥, 포작, 지붕사이에 아래와 같은 3가지 유형을 제시하였다.

A. 기둥 높이가 지붕 높이와 비슷한 경우
B. 기둥 높이가 지붕 높이 + 공포 높이와 비슷한 경우
C. 지붕 높이가 기둥 높이 + 공포 높이와 비슷한 경우

이러한 3가지의 비례관계는 『영조법식』시대 건물에서 보편적으로 찾을 수 있다.

〈중국 건물 실례의 기둥, 공포, 건물높이의 관계 (단위:cm)〉[45]

건물명	처마 기둥높이	공포높이	지붕높이	건물높이	비고
南禪寺 大殿	382(52%)	157(21%)	01(27%)	740	B 경우
佛光寺 大殿	499(42%)	249(21%)	41(37%)	1189	A 경우
鎭國寺 大殿	342(39%)	185(21%)	60(40%)	887	A 경우
華林寺 大殿	478(40%)	265(22%)	58(38%)	1201	A 경우
獨樂寺 山門	437(50%)	175(20%)	64(30%)	876	B 경우
保國寺 大殿	422(37%)	175(15%)	52(48%)	1149	C 경우
奉國寺 大殿	595(38%)	248(16%)	28(46%)	1591	C 경우
善化寺 大殿	626(41%)	193(13%)	91(46%)	1510	A 경우
華嚴寺海會殿	435(43%)	100(10%)	70(47%)	1005	A 경우
崇佛寺彌陀殿	593(40%)	208(14%)	70(46%)	1471	A 경우
善化寺三聖殿	618(40%)	226(14%)	20(46%)	1564	A 경우
善化寺 山門	586(53%)	164(15%)	64(32%)	1114	B 경우

★ ( ) 안의 %는 건물전체 높이와의 비례
★ 건물 높이는 지면에서부터 종도리 위까지의 높이

---

45) 여기에 적용된 자료는 이화동의 석사학위 논문에서 발췌한 것이며, 원 자료는 陳明達, 『唐宋木結構建築 實測記錄』이다.

〈한국 건물 실례의 기둥, 공포, 건물 높이의 관계 (단위:cm)〉

건물명	여간(C)	기둥높이(A)	포작높이(B) (기둥위-주심도리)	지붕높이 (주심도리-종도리)	포작:지붕높이비
鳳停寺 極樂殿	4,330	平柱 : 2,394 高柱 : 2,939	938	1,895	2.02
成佛寺 應眞殿	3,242	平柱 : 2,394 高柱 : 2,939	788	1,645	2.08
浮石寺 無量壽殿	4,211	平柱 : 2,394 高柱 : 2,939	1,557	3,887	2.50
修德寺 大雄殿	4,681	平柱 : 2,394 高柱 : 2,939	1,054	3,981	3.78
江陵 客舍門	4,339	平柱 : 2,394 高柱 : 2,939	842	1,379	1.64
無爲寺 極樂殿	3,636	平柱 : 2,394 高柱 : 2,939	1,102	2,975	2.70
道岬寺 解脫門	3,727	平柱 : 2,394 高柱 : 2,939	606(?)	1,296(?)	2.14
開心寺 大雄殿	3,636	平柱 : 2,394 高柱 : 2,939	1,277	2,841	2.22
鳳停寺 大雄殿	4,696	平柱 : 2,394 高柱 : 2,939	1,144	2,675	2.34
觀龍寺 大雄殿	3,766	平柱 : 2,394 高柱 : 2,939	1,593	2,784	1.75
開巖寺 大雄殿	4,354	平柱 : 2,394 高柱 : 2,939	1,740	2,830	1.63
龍門寺 大藏殿	3,270	平柱 : 2,394 高柱 : 2,939	1,110	2,080	1.88
栗谷寺 大雄殿	3,732	平柱 : 2,394 高柱 : 2,939	1,479	2,660	1.80

★ 모두 평주의 높이 기준임

위 표에서 보면, 고려시대 건물들은 대부분 중국 요대(遼代) 후기 혹은 송대(宋代) 건물의 입면 구성과 큰 차이가 없는 것으로 보인다. 기둥이 건물 전체높이 중에 차지하는 비례가 약 40%인 점도 유사하다. 건물 전체 높이에 대한 지붕 높이의 비례도 약 40~45% 정도로서 역시 요대 후기 혹은 송대 건물의 성격을 가지고 있다. 공포 높이에 있어서 부석사 무량수전의 공포 높이의 비례는 당대(唐代)나 요대 전기[46] 건물의 것과 비슷하며(20% 정도), 송대(宋代) 건물보다는 큰 것이다. 봉정사 극락전의 공포높이는 송대 건물에 접근한다.

---

46) 요대 전기의 건물은 주로 당대의 장인들에 의하여 지어졌던 건물로 시대는 다르지만 당대의 건물과 거의 비슷한 건물로 생각된다.

8) 하앙

송『영조법식』이전의 고대건물 구조적 특징

　중국 고대문명의 고봉기(高峰期)로 불리우는 당대(唐代)에는 전국적으로 많은 사원(寺院)이 조영되어 하앙기법(下昻技法)은 현존하는 불광사 대전 등에서 보이듯이 이미 당대(唐代)에 성행하여 요(遼)·금대(金代)를 거치면서 더욱 발전하였다. 먼저 송『영조법식』이 반포되기 이전 현존 중요 목조건물들의 특징을 기술해 보면 아래와 같다.

　- 남선사(南禪寺) 대전(大殿)

　이 건물은 1974년 8월 해체수리가 시작되어 그 다음해 8월까지 1년간에 걸친 수리공사가 있었는데 이 때 기단부, 창호 등 많은 부분이 고증과정에서 변형이 있었던 것으로 보인다. 이 건물의 포작은 우리나라 경주 안압지에서 출토된 동일한 형태의 교두형 첨차가 十자(字)로 결구되는 특징을 보여주고 있지만 하앙식 포작은 결구되어 있지

남선사 대전 종단면도

남선사 대전 정면 공포

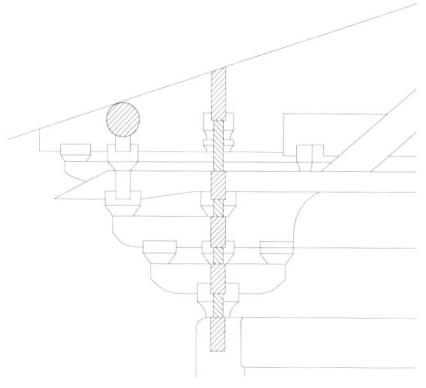

남선사 대전 공포 상세도

- 불광사(佛光寺) 대전(大殿)

이 건물의 평면적 특징은 건물내부 사방으로 내진주열이 배치되어 있고 종단면상으로 볼 때 기둥의 높이가 모두 동일하여 우리나라 건물에서 볼 수 없는 포작층을 구성하고 있다는 점인데 이러한 포작층은 적층(積層)을 이루어 고층목탑을 쌓을 수 있는 하나의 목결구 방법이 된다.

주심기둥 위에는 십자로 짜아진 중첩(重疊, 兩杪)된 첨차형 부재 위에 결구된 2개의 하앙부재는 주심을 지나 퇴량 상부의 중간지점에 놓인 내목도리 하부의 덧퇴량 부재 하부에 결구되어 미끄러짐을 방지할 수 있도록 되어 있는데 주심선상에서 볼 때 처마로 빠져나온 하앙의 길이와 건물내부의 하앙 뒷뿌리 길이는 1:1 정도의 비율을 보이고 있다. 이때 하앙의 뒷뿌리 끝 부분은 덧퇴량 하부의 홈에 끼일 수 있도록 촉을 만들었을 것으로 보이지만 천장에 가려 육안으로는 확인할 수가 없다. 외부로는 첫 번째 하앙 위에 소로를 놓고 그 위에 두 번째 하앙이 같은 경사로 좀 더 길게 빠져 그 위에 행공첨차(令栱)와 도리받침재(耍頭)가 결구되어 단장혀로 외목도리를 받치고 있다.

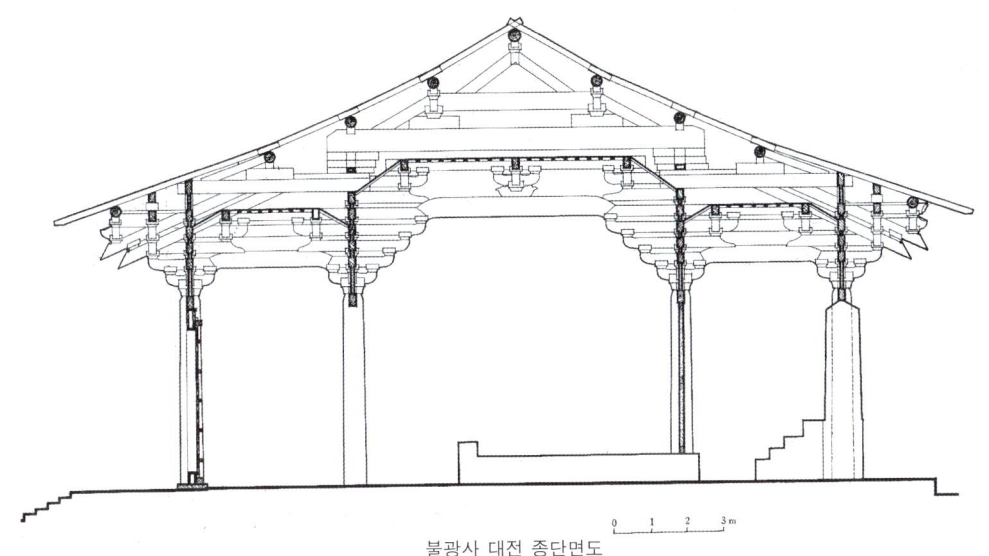

불광사 대전 종단면도

불광사 대전 공포

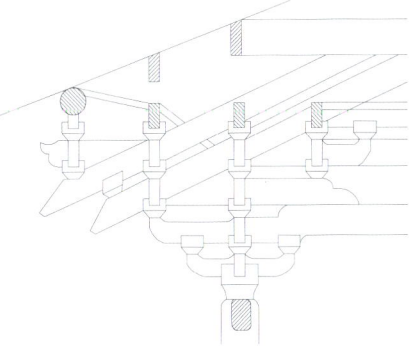

불광사 대전 공포 상세도

- 독락사(獨樂寺) 산문(山門)과 관음각(觀音閣)

독락사 산문과 관음각은 창건 당시의 모습을 그대로 간직하고 있는 중요한 건물로 산문에는 귀솟음과 안쏠림 기법이 뚜렷이 나타나고 있으며 그 위에 놓인 포작은 교두형 첨차가 十자(字)로 짜아진 간결한 포작을 이루고 있다. 이 건물의 뒤쪽에 놓인 관음각의 2층 포작에는 십자로 짜아진 중첩(重疊, 兩秒)된 첨차형 부재 위에 결구된 2개의 하앙부재는 불광사 대전과 마찬가지로 주심을 지나 퇴량 상부의 중간지점에 놓인 내목도리 하부의 덧퇴량 부재 하부에 결구되어 미끄러짐을 방지할 수 있도록 되어 있는데 주심선상에서 볼 때 처마로 빠져나온 하앙의 길이와 건물내부의 하앙 뒷뿌리 길이는 불광사대전과 달리 외부로 빠져나온 하앙의 길이가 좀더 길어 1:1 비율을 벗어나고 있다. 이때 하앙의 뒷뿌리 끝 부분은 덧퇴량 하부의 홈에 끼일 수 있도록 촉을 만들었을 것으로 보이지만 천장에 가려 육안으로는 확인할 수가 없다. 외부로는 첫 번째 하앙 위에 소로를 놓고 그 위에 두 번째 하앙이 같은 경사로 좀더 길게 빠져 그 위로 행공첨차(令栱)와 도리받침재(耍頭)가 중첩되어 결구되고 장혀로 외목도리를 받치고 있다.

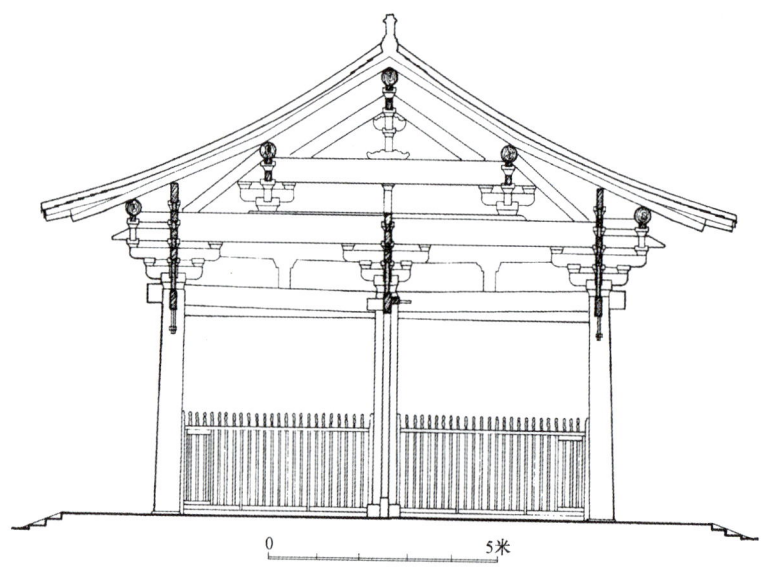

독락사 산문 종단면도

독락사 차주조 결구 상세

독락사 관음각 공포

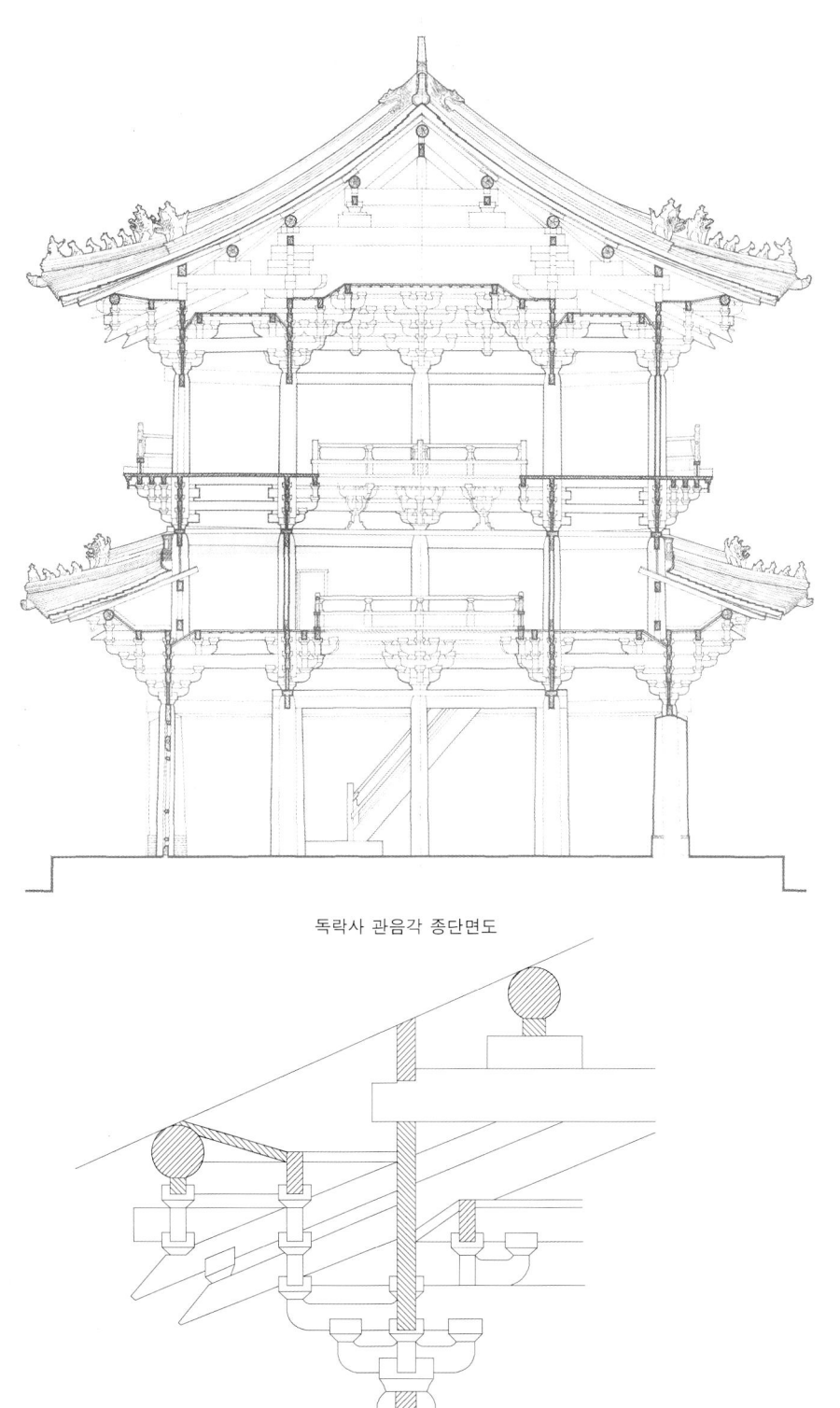

독락사 관음각 종단면도

독락사 관음각2층 공포 상세도

- 보국사(保國寺) 대전(大殿)

 이 건물의 전·후면에는 십자로 짜아진 중첩(重疊, 兩杪)된 첨차형 부재 위에 2개의 하앙부재를 결구하였는데 전면의 하앙은 닫집과 결구되어 상세한 구조를 파악하기 어렵지만 배면에 결구된 하앙은 이제까지 건물에서 보여주지 않던 기법으로 후면 내진고주의 대량하부에서 그 뿌리가 짜아지고 퇴량상부에는 홍예형의 덧보를 포대공과 결구하여 하앙의 미끄럼 현상을 방지하였다. 그리고 퇴보 위에 덧보를 중첩하여 또 하나의 절점을 구성함으로써 대량하부로 길게 경사져 올라간 하앙을 받치는 구조적 문제를 해결하였다. 또 대량 위에 홍예보를 걸치고 그 위에 동자주를 세워 하앙을 결구한 예로는 하북성(河北省) 정흥(定興) 자운각(慈雲閣)을 들 수 있다.

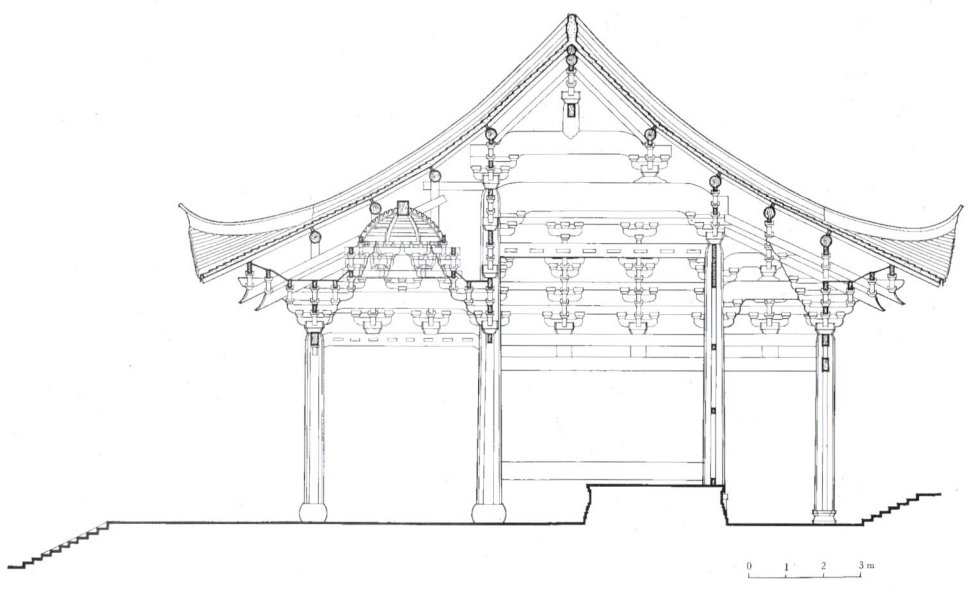

보국사 대전 종단면도

보국사 대전 공포

보국사 대전 천장

-봉국사(奉國寺) 대전(大殿)

봉국사 대전은 건물내부 사방으로 내진주열이 배치되어 있고 종단면상으로 볼 때 불광사 대전과는 다르게 내진기둥의 높이가 모두 다르다. 내부공간 앞쪽 기둥은 모두 고주로 처리하였고 뒤쪽 공간 불벽으로는 중고주를 배치하여 보를 걸치고 있다. 주심 위에는 십자로 짜아진 중첩(重疊, 兩杪)된 첨차형 부재 위에 2개의 하앙부재를 짜아 하앙은 주심을 지나 대량 상부의 중간지점에 놓인 내목도리 하부의 이중보 하부에 결구되어 미끄러짐을 방지할 수 있도록 되어 있다. 주심선상에서 볼 때 처마로 빠져나온 하앙의 길이와 건물내부의 하앙 뒷뿌리 길이는 오히려 외부로 빠져나온 하앙의 길이가 길어졌다. 그렇지만 내부 대량 위로는 통장혀로 우리 전통건축의 내부 출목에 해당되는 가구기법과 비슷한 결구구조를 하여 외부로 빠져나온 하앙부재가 미끄러지지 않도록 보강하였다.

봉국사 대전 종단면도

봉국사 대전 공포

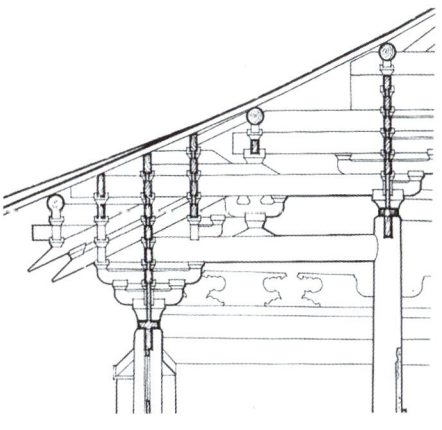

봉국사 대전 공포 상세도

- 융흥사(隆興寺) 마니전(摩尼殿)

  융흥사 마니전은 종단면상으로 볼 때 불단을 구성하고 있는 불벽고주가 제일 높고 그 사방으로 중고주의 내진주열을 배치하여 불벽고주 위로는 대량을 걸었다. 불벽고주와 중고주 사이에는 퇴보를 걸쳐 중고주 주심 상에 십자로 짜아진 중첩(重疊, 兩杪)된 첨차형 부재 위에 2개의 하앙부재를 결구하여 그 뒷뿌리는 불벽고주 위 중첩되게 짜아진 통장혀 위에서 짜아진 퇴보형 부재의 하부에 결구되었다. 그렇지만 내부에 결구된 하앙의 뒷뿌리는 지금까지 기술한 다른 건물에 비하여 현저히 짧아지는 특징을 보여주고 있다. 그리고 이 건물 하층 포작에서는 우리나라 전통건물에서 보이지 않는 사공(斜栱)이라는 포작(鋪作)을 사용한 예를 볼 수 있다.

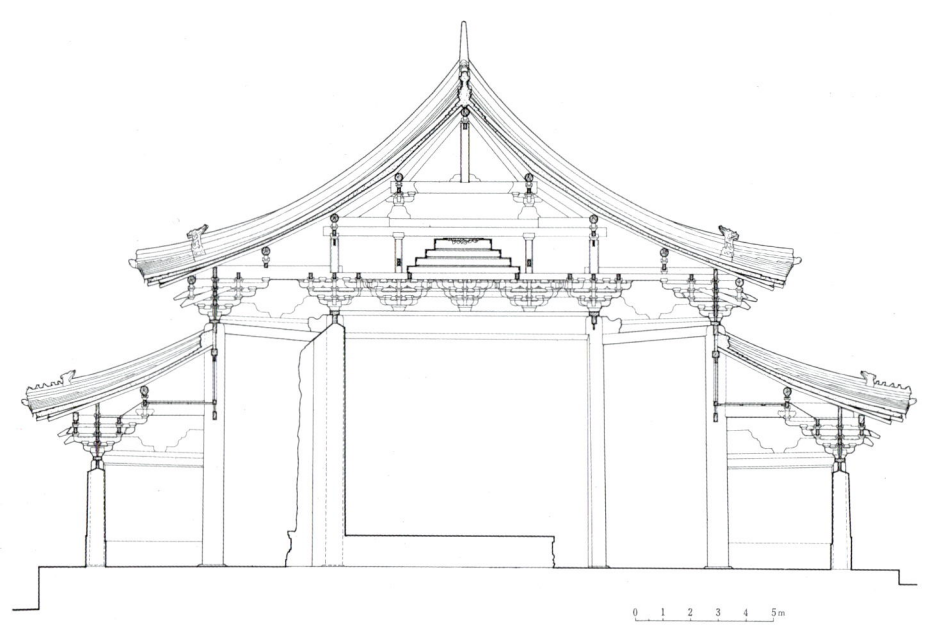

융흥사 마니전 단면도

융흥사 마니전 공포

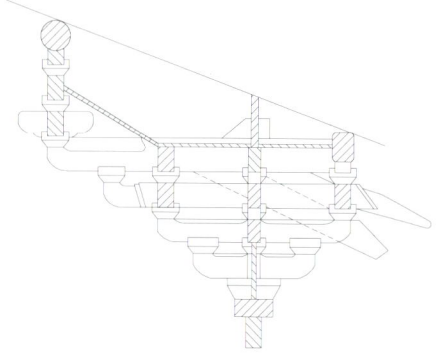

융흥사 마니전 공포 상세도

- 불궁사(佛宮寺) 목탑(木塔)

불궁사 목탑에는 여러 종류의 포작이 사용되었는데 적층(積層)으로 짜아진 1·2층 추녀하부의 하앙은 당시 목탑과 같은 높은 구조에서 하앙의 결구방법을 연구해 볼 수 있는 중요한 자료가 된다고 할 수 있다. 1·2층에 짜아진 하앙의 결구 방법을 보면 우리나라 다포계포작과 같이 내외로 출목이 형성되어 아래 하앙의 뒷뿌리는 퇴보에 결구되고 위 하앙의 뒷뿌리는 상층기둥 하부에 놓여 오히려 이제까지 기술했던 다른 건물의 포작에 비해 구조적으로 월등히 안정된 감을 주고 있다고 할 수 있다.

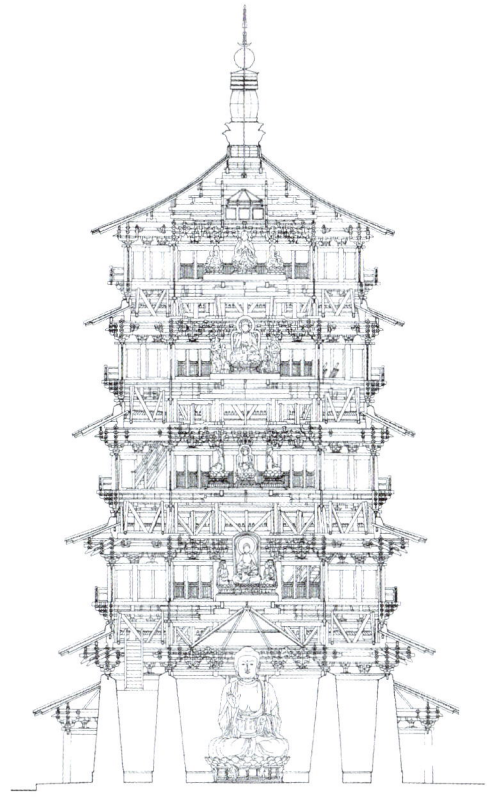

불궁사 목탑 단면도

불궁사 목탑

불궁사 목탑 1층 귀공포

불궁사 목탑 1층 공포

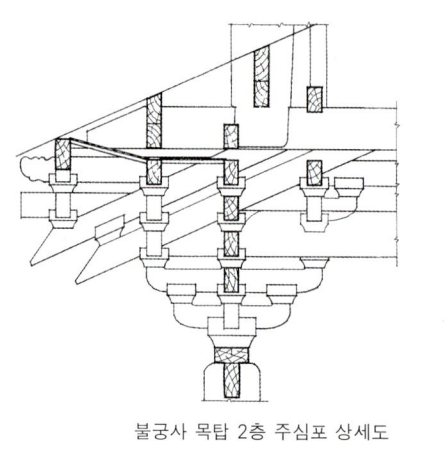
불궁사 목탑 2층 주심포 상세도

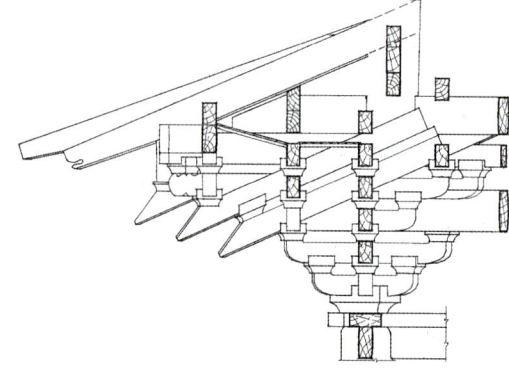
불궁사 목탑 1층 귀포 상세도

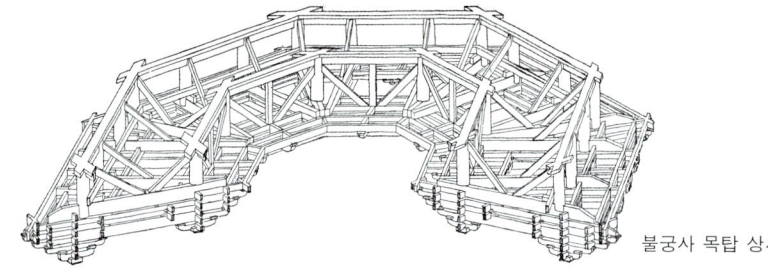
불궁사 목탑 상세도

송 『영조법식』 이후의 중요건물(重要建物)

『영조법식』이 반포된 이후 송대 이후에는 전국적으로 수많은 건물이 건립되었다. 그러나 현존건물을 고찰해 볼 때 법식에서 규정한 완전한 건물은 없다. 왜냐하면 법식에서 규정한 것들은 모두가 기둥, 보, 포작 등의 큰 부재에 대한 객관적인 규범들이고 현장에서 일어나는 상세한 내용들은 장인에 따라 얼마든지 여유를 가질 수 있는 부분이 있기 때문이다.

『영조법식』이 시행된 이후 건립된 중요 건물들을 열거해 보면 하남성(河南省) 등봉현(登封縣) 서북에 있는 소림사(少林寺) 초조암(初祖庵)(1125년), 산서성(山西省) 오대산(五臺山)에 있는 불광사(佛光寺) 문수전(文殊殿)(1137년), 산서성(山西省) 삭주(朔州)에 있는 숭복사(崇福寺) 미타전(彌陀殿)(1143년), 절강성(浙江省) 무의현(武義縣)에 있는 연복사(延福寺) 대전(大殿)(1317년), 광동성(廣東省) 조경시(肇慶市)에 있는 조경매암(肇慶梅庵) 대전(大殿)(1581년), 소주(蘇州) 현묘관 삼청전(玄妙觀 三淸殿), 절강성(浙江省) 금화(金華) 천령사(天寧寺) 대전(大殿) 등을 그 예로 들 수 있다.

먼저 소림사 초조암의 주간(柱間) 포작(鋪作)에 사용된 하앙은 『영조법식』〈대목작제도〉에서 제시한 도양(圖樣)6과 비슷한 형태로 중첩된 첨차 위에 1개의 하앙은 비앙(飛昂) 형태로 외부로 빠져나오고 내부 대첨차 위에서 경사지게 하앙을 받치는 부재가 있고 또 이 부재를 잡아주는 작은 (轄楔)가 있다. 불광사 문수전에서는 2개의 하앙을 사용하였는데 그 뿌리는 퇴보하부에 끼웠다. 숭복사 미타전에서는 『영조법식』〈대목작제도〉 도양7에서 제시한 도면과 비슷한 형태의 하앙포작을 짜았으며 그 뒷뿌리는 덧퇴보 하부에 결구하였다. 연복사 대전에서는 중고주 위에 2개의 하앙부재가 결구되었는데 하앙의 뒷뿌리는 퇴보 위에 놓인 우미량(牛尾樑)에 끼워졌다. 이 건물의 하앙은 우리나라 충남 예산의 수덕사 대웅전과 비슷한 형태를 보여주고 있다. 소주에 있는 현묘관 삼청전 하층에 사용된 보간에서는 1개의 하앙이 내부로 길게 빠져 들어와 내목도리 하부에서 결구되었는데 비교적 간단한 형태이다 이 경사진 하앙 부재를 이 지역에서는 도알(挑斡)이라고 한다. 이러한 형태의 하앙은 소주 호구산 산문에서도 나타나고 있다. 또 절강성 금화에 있는 천령사 대전 포작에서는 『영조법식』 도양(圖樣)八에서 제시한 비슷한 형태의 포작이 짜아졌는데 상앙(上昻)이 사용되었다.

이러한 건물 이외에도 하앙이 짜아진 많은 예를 들 수 있는데 송·원대를 지나 명나라로 접어들면 하앙은 좀 더 간략한 형태의 유금두공(溜金斗栱)으로 변하게 된다.

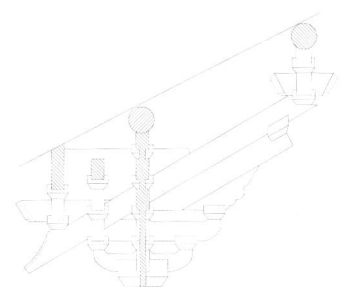

소림사 초조암 공포 상세도

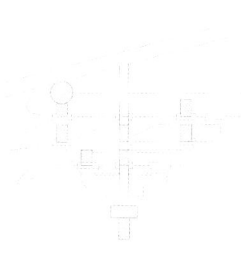

불광사 문수전 공포 상세도

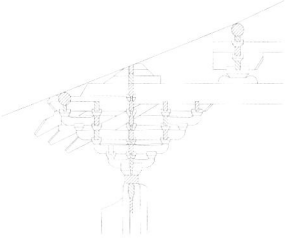

숭복사 미타전 공포 상세도

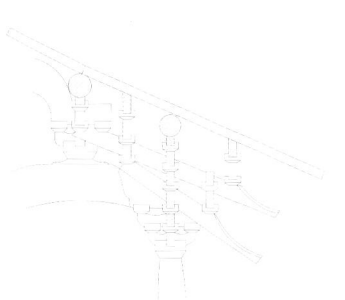

연복사 대전 2층 공포 상세도

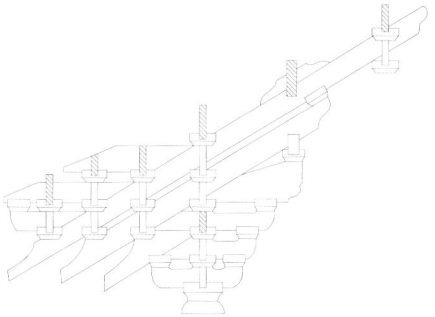

조경매암 대전 공포 상세도

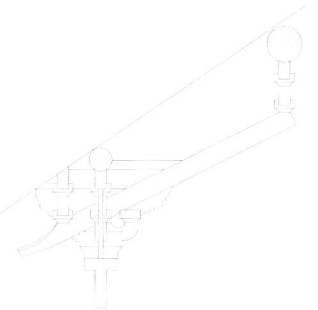

현묘관 삼청전 공포 상세도

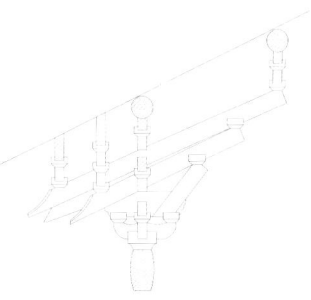

천녕사 대전 공포 상세도

下昂出跳分數之二

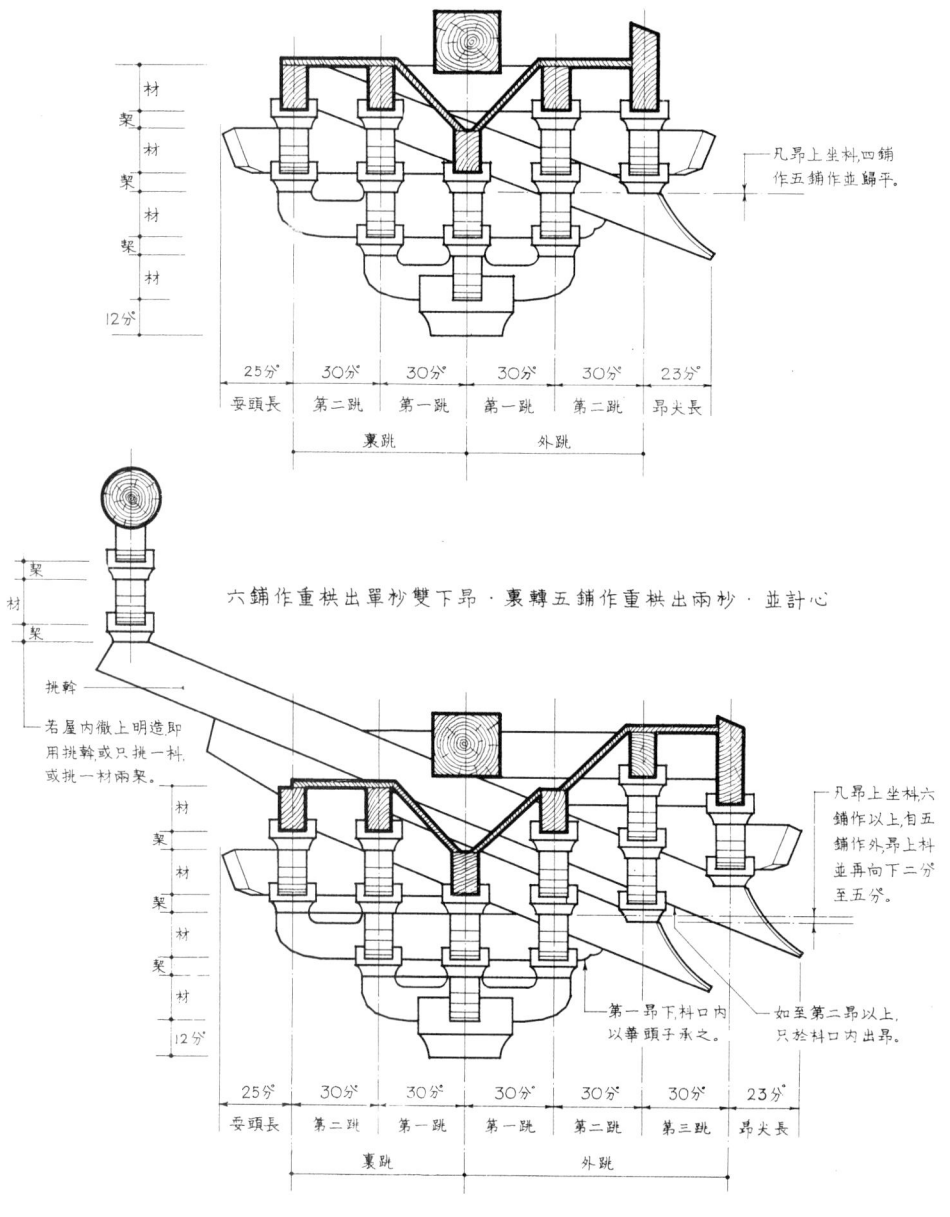

『영조법식』 대목작제도도양 6

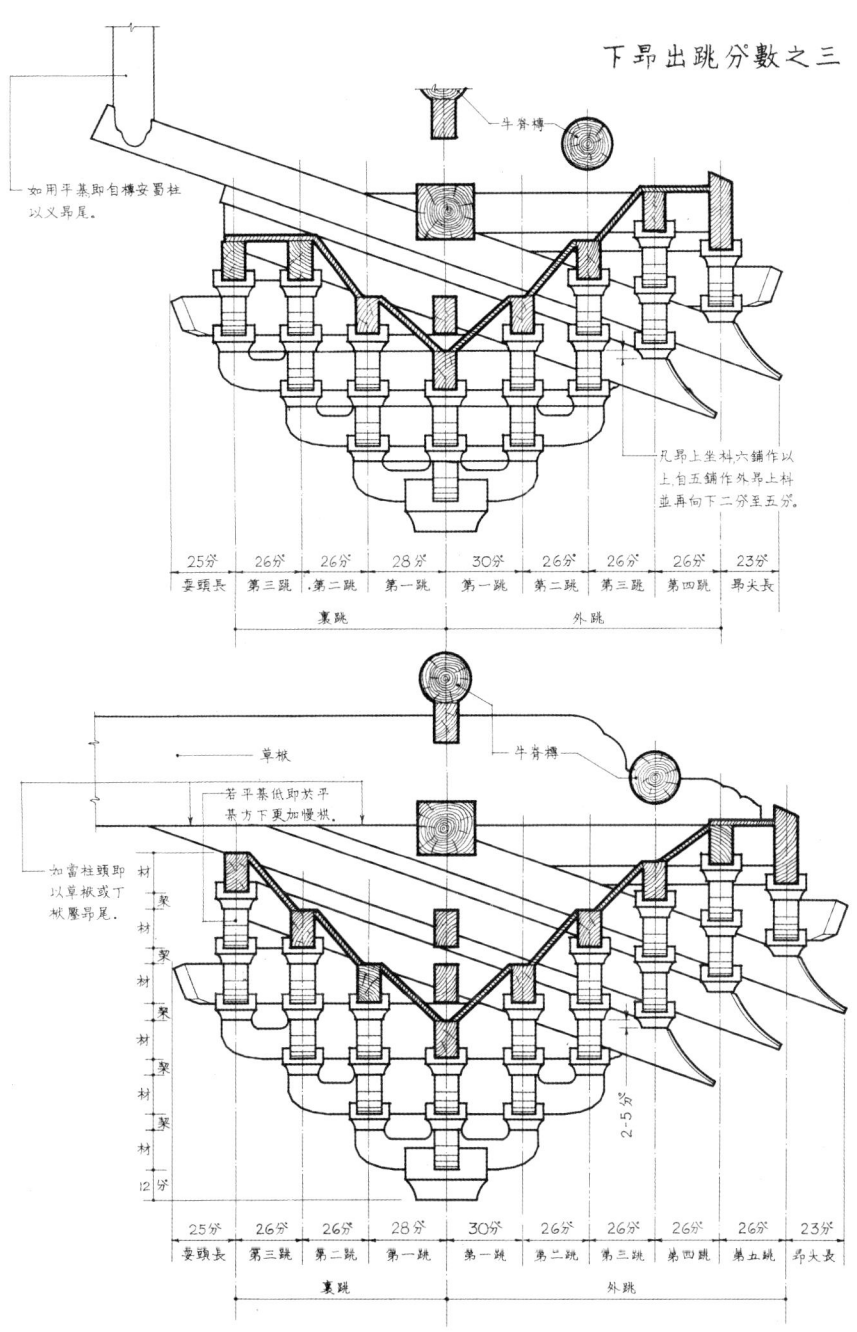

『영조법식』 대목작제도도양 7

上昂出跳分數之一

五鋪作重栱出上昂 並計心

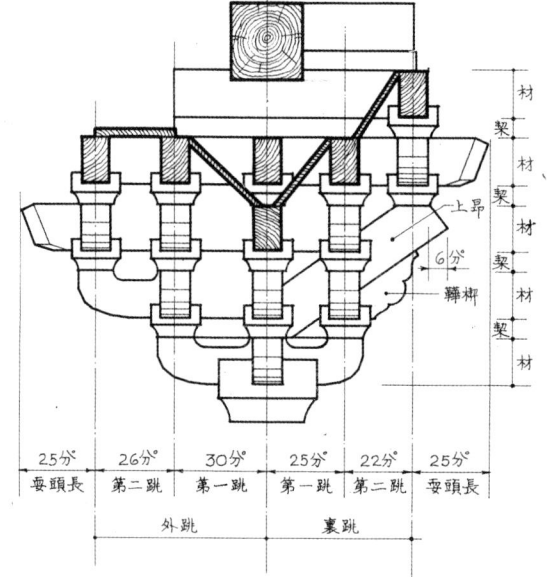

上昂 廣厚並如材,施之裏跳之上及平坐鋪作之內。頭向外留六分,其昂頭外出昂身斜收向裏並通過柱心。昂背斜尖皆至下枓底外昂底柱跳頭枓口內出,其枓口外用鞾楔刻作三卷瓣。

如五鋪作單抄上用者,自櫨枓心出第一跳心長二十五分,第二跳上昂心長二十二分。其第一跳上枓口內用鞾楔。其平棊方至櫨枓口內,共高五材四栔。其第一跳重栱計心造。

外跳心長無規定,按華栱條分數製圖。

六鋪作重栱出上昂偷心跳內當中施騎枓栱

兩跳當中施騎枓栱……宜單用,其下跳並偷心造。但法式卷三十上昂側樣騎枓栱俱用重栱,未知孰是?

如六鋪作重抄上用者,自櫨枓心出第一跳華栱心長二十七分,第二跳華栱心及上昂心共長二十八分。華栱上用連珠枓,其枓口內用鞾楔。其平棊方至櫨枓口內,共高六材五栔。於兩跳之內當中施騎枓栱。

25分	26分	26分	30分	27分	28分	25分
耍頭長	第三跳	第二跳	第一跳	第一跳	第二三跳	耍頭長
	外跳			裏跳		

『영조법식』대목작제도도양 8

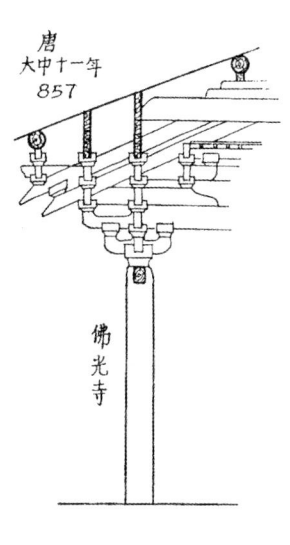
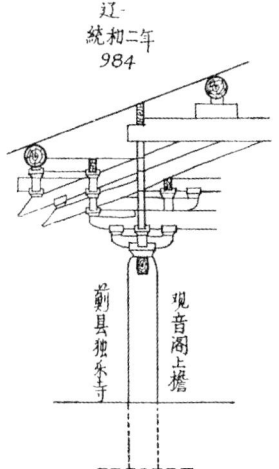
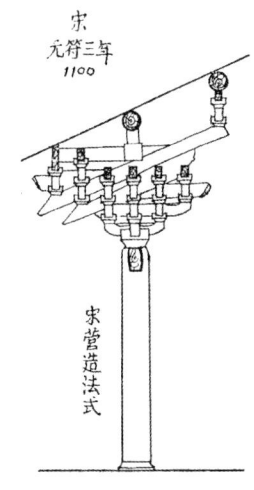

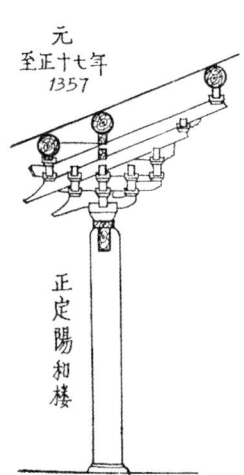
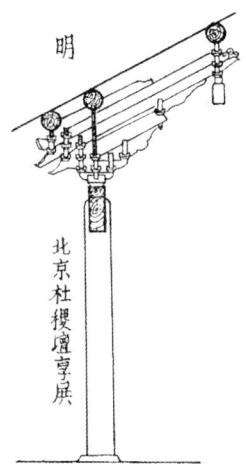
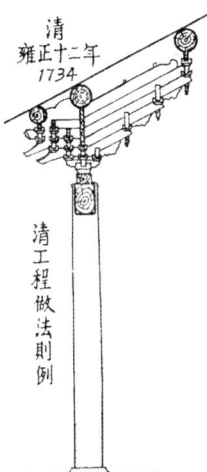

하앙변천도

大木作制度圖樣四

下昂尖卷殺之制　造耍頭之制 (註: 龍牙口未見於實例, 位置不詳.)

造耍頭之制　用足材,自枓心出,長二十五分. 自上棱斜殺向下六分,自頭上量五分,斜殺向下二分,謂之鵲臺,兩面留心,各斜抹五分,下隨各斜殺向上二分,長五分. 下大棱上兩面開龍牙口,廣半分,斜梢向尖. 開口与華栱同,与令栱相交,安於齊心枓下.

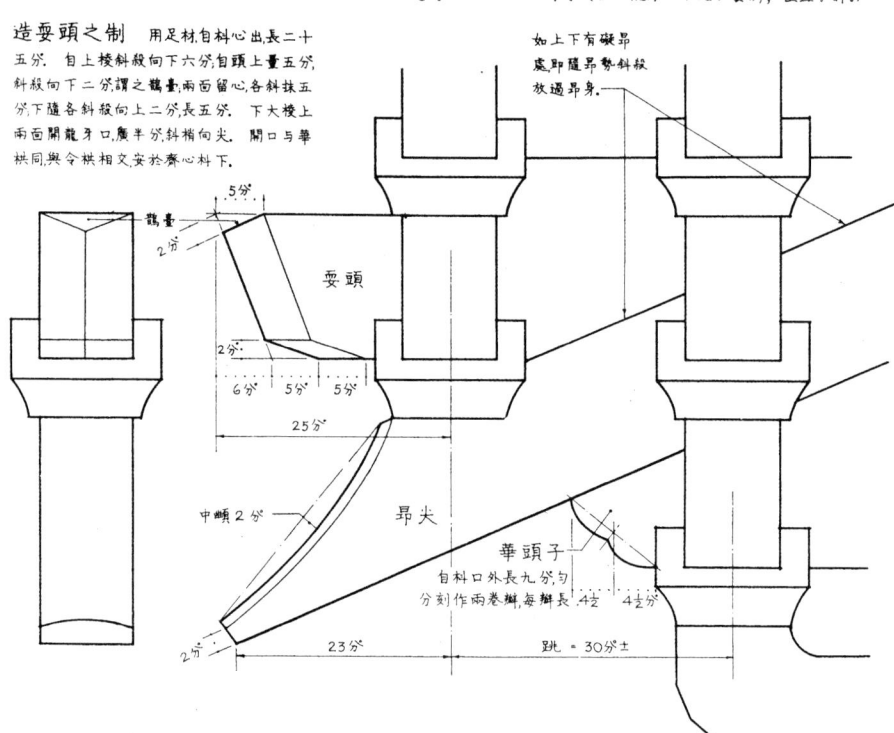

造下昂之制　自上一材垂尖向下,從枓底心下取直其長二十三分. 其昂身上徹屋內. 自枓外斜殺向下留二分. 昂面中䫜二分,令顄勢圜和.

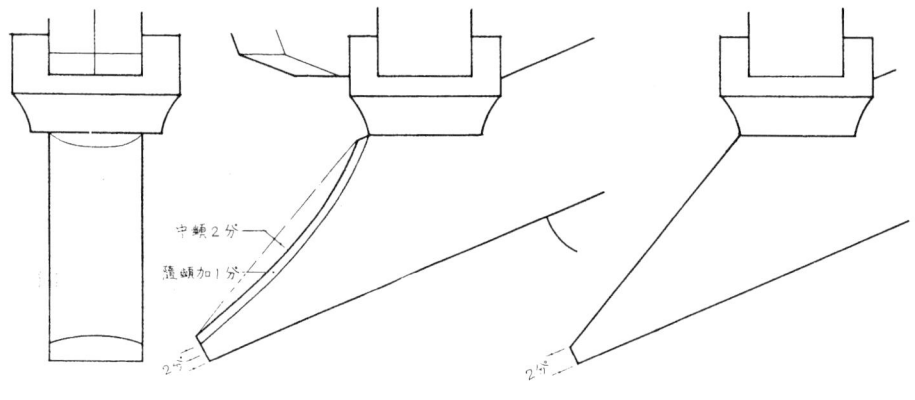

琴面昂　　　　　批竹昂

하앙작법 상세도

9) 익공

익공계 공포는 주심포계의 공포와 유사한 점이 많으나 세부수법이나 가구법은 차이가 있으며 격식이나 꾸밈새도 다르다. 익공계 형식은 주심포에서 출발하여 변형된 것인지 또는 후세에 전혀 다른 꾸밈새로 등장된 것인지에 대하여는 아직까지 명확하게 결론이 내려지지 않은 상태이지만 여러 건물에 나타난 위계로 미루어 볼 때 격식이 한단 낮은 건물에 사용되고 있음을 알 수 있는데 현존 익공계[47]로 분류되고 있는 건물의 결구구조를 고찰하면 몇 가지의 특징을 발견할 수 있다.

단순히 초익공만으로 대량을 받치는 경우와 초익공 위에 하나의 익공을 더하여 이익공으로 대량을 받치는 경우, 그리고 익공 위에 소위 말하는 주심포와 다포에서 나타나는 출목형 첨차가 놓여 익공을 구성하는 경우, 이들 포작의 주간에 장식성이 첨가된 화반이 놓여지는 경우로 대별해 볼 수 있다. 이들 건물에 나타나는 구조적인 특징과 장식적인 요소를 기술해보면

첫째 : 조선초기 건물로 분류하고 있는 해인사 장경판전은 4동의 건물이 ㅁ자형(藏經板殿, 修多羅藏, 東·西刊庫) 평면을 이루고 있는데 조선 성종 19년(1488)에 창건되어 광해군 14년(1622)에 중건하였다. 이들 건물의 기둥 위에는 모두 초익공(初翼工)의 포작(包作)이 짜였는데 그중 수다라장의 익공은 그 외부 끝이 윗면과 거의 수평으로 빠져 나와 그 아랫면을 화각으로 마감하였고 내부에서는 보를 받치는 보아지 기능이 되었다. 그리고 그 위에는 주두(柱頭)를 놓아 대량을 받치고 있는데 보머리는 운공형이다. 반면 수다라장의 후면에 놓인 법보전에서는 익공의 외부가 새 부리모양의 곡선을 나타내고 그 아랫면은 역시 화각으로 마감되었지만 내부에서는 익공 위에 소로를 놓아 대량을 받쳐 구조적으로 보면 조금 발전된 단계가 되고 동·서사간도 역시 이러한 구조를 이루고 있다.

둘째 : 조선초기 익공 건물의 또 하나의 예로 강원도 춘천에 있는 청평사 회전문을 들 수 있다. 이 건물 전·후면 기둥머리의 각 주간(柱間) 보방향에는 쇠서형의 초익공 부재를 주두에서부터 짜 맞추고 그 위 도리 방향으로는 화각형의 첨차와 대량머리를 결구하고 외부로 빠져나온 보머리는 별재로 끼웠는데 그 형태는 운공형이다. 전통목구조의 고식건물에서는 때때로 보와 보머리를 같은 부재로 사용하는 경우가 있는데 이때는 보머리를 결국 수장폭만큼 따내야 하므로 전단력에 매우 약한 구조적 취약점을 지니게 된다. 외부 전·후면 어칸 중앙에는 1개씩의 화반이 놓였는데 이러한 형태의 화반은 소위 말하는 주심포 건물에서는 나타나지 않는 것으로 익공계 건물에서 보이는 하나의 특징적인 요소가 된다.

셋째 : 경포호 주변에 있는 강릉 오죽헌은 율곡 선생이 태어난 곳으로 1537년 이전에 지어진 집이다. 이 건물에 짜여진 익공은 해인사 장경판전, 강릉 해운정과 달리 익공이 겹쳐 짜여져 초익공의 외부 형태는 장경판전과 거의 동일하고 그 위에 놓인 이익공 역시 쇠서의 끝이 위로 휘어져 올라가지 않는 형태를 보여 주고 있다.

---

47) 문화재청, 『강릉 해운정 실측조사보고서』, 1999

넷째 : 종묘 정전은 1608년에 건립되었는데 여기에는 이익공의 부재가 결구되었고 익공 위에 소위 말하는 출목이 있는 경우이다. 익공의 외부는 쇠서형이 되어 그 끝이 전술한 건물에 비하여 약간 휘어져 올라가는 모습을 보여주고 있다.

다섯째 : 창덕궁 후원의 주합루, 창경궁 통명전, 경복궁 경회루 등에 짜여진 익공은 모두 이익공인데 이들 익공에는 모두 화려한 문양이 초각되었고 익공의 외부 끝은 점차 가늘어지며 그 위에 놓인 보머리도 화려하게 장식하고 있다. 이들 건물에 짜여진 익공은 대부분 조선후기의 수법을 보여주고 있다.

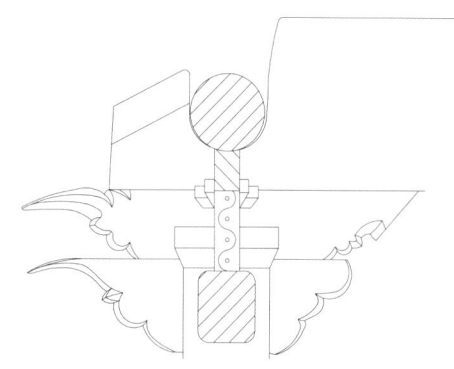

강릉 오죽헌 익공 상세도

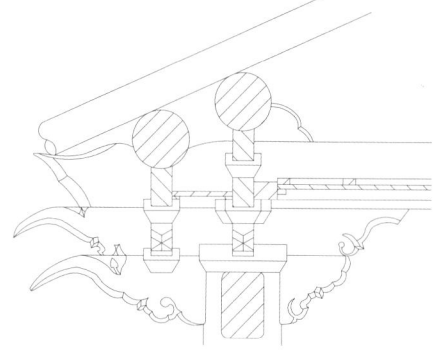

종묘 정전 익공 상세도

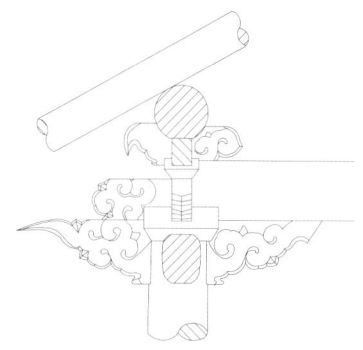

청평사 회전문 익공 상세도

해인사 수다라장 익공 상세도

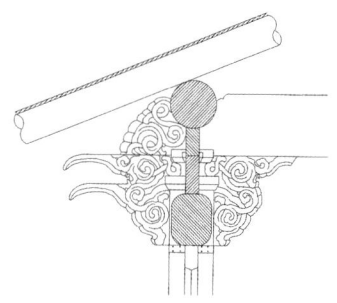

경복궁 경회루 익공 상세도

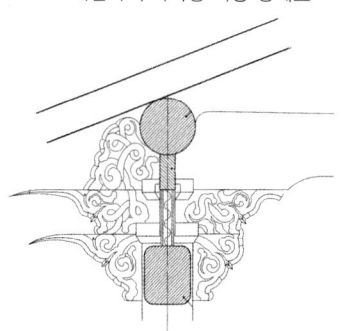

창경궁 통명전 익공 상세도

3. 가구부(架構部)

우리나라 목조건축에서 가구의 분류는 도리의 숫자와 기둥의 높낮이로 짜여진 건물의 뼈대[48]를 말한다. 그러나 중국에서는 고대건축(古代建築)의 가구를 논할 때 항상 평면과 기둥 위에 짜아지는 공포와 연계하여 전당식(殿堂式)과 청당식(廳堂式)으로 크게 나누고 또 이것과 병행하여 대량식(大樑式)[49], 천두식(穿斗式), 정간식(井干式)으로 나누고 있다. 전당식은 중국 고대 건축군에서 가장 으뜸되는 건축이라 말할 수 있으며 전(殿)과 당(堂)의 개념을 포함하고 있다. 그중 전(殿)은 궁실(宮室)과 예제(禮制), 종교건축(宗敎建築)에 널리 사용되었다. 역사적으로 볼 때 당(堂)과 전(殿)의 개념은 이미 주대(周代)에 나타나기 시작 하였는데 당(堂)이 먼저 나타난다. 당(堂)의 원래 뜻은 실내와 상반되는 개념으로 건물 앞쪽에 외부로 터진 공간을 지칭하였다. 그리고 당의 좌우로는 배치 순서가 있었는데 양쪽으로 방을 두고 또 곁채를 두었다. 이러한 한채의 건축군을 통칭해서 당이라고 하였는데 천자(天子), 제(諸), 후(侯), 사대부(士大夫)가 거처하였던 곳이다. 전(殿)은 당(堂)보다 비교적 늦게 나타나는데 원래는 뒤쪽이 높은 것을 뜻하고 건축물에서 그 형체가 높고 위치가 명확하였다. 이러한 전(堂)과 당(殿)이 한채의 건축에서 같이 쓰이기 시작한 것은 진시황(秦始皇)이 축조한 감천의 전전(前殿)과 아방궁 전전(前殿)이었다. 이렇게 당(堂)과 전(殿)의 2자가 함께 통용된 적도 있었지만 후대에 와서 등재의 차별이 생겼다. 하나의 건물에서 전과 당은 모두 건물 입구의 오름 계단, 몸체, 지붕의 3부분이 있다. 그중 오름계단과 지붕의 형식은 중국건축에서 명확한 특징이 있다. 봉건 등급제도의 제약에서 전과 당은 형식, 구조상에서 모두 구별이 있다. 전과 당은 건물 입구의 오름 계단에서 비교적 일찍 구별이 있었는데 특히 당은 오직 섬돌만 있고, 전은 섬돌뿐만이 아니라 또 계단이 있고 원래의 계단뿐만 아니라 그 아래에는 하나의 높다란 기단이 있고 큰 장대석으로 상하를 연결하였다. 그렇기 때문에 전은 가능하게 대(臺)와 사(榭)건축의 발전 중에서 나타난 건축명칭이다. 또 전과 당은 지붕의 형식면에서도 구별이 있는데 당대(唐代)에 이미 전의 지붕은 우진각지붕으로 규정했음을 알 수 있다. 구조적인 면에서 볼 때 내외주가 동일하기 때문에 포작층을 가질 수 있고 차양칸이 있다. 또한 청당식(廳堂式)이 전당식과 확실히 구별되는 부분은 내부기둥의 차이에 있다. 즉 내진주는 처마기둥에 비해 높다. 대량(乳栿)과 우미량(扎牽)의 뒤쪽은 기둥에 끼웠는데 기둥의 높낮이가 다르기 때문에 완전한 수평층을 이룰 수 없었다. 영조법식의 등급에 의하면 이러한 건축은 중소형의 건축에 이용되었다. 중국 영파의 보국사 대전은 이러한 유형에 속한다. 이러한 건물에서 특히 강조되는 부분은 대량(明栿)인데 포작층이 없어짐으로써 대량식 구조가 특히 발달되었다고 보인다. 중국건축에서 이들 분류방법은 대다수의 건물에 적용되어 가구(架構)의 결구(結構)와 지역적인 특성을 그 나름대로 설명하고 있다. 예를 들어 천두식(穿斗式) 목구조는 남부지방에서 보편적으로 채용되고 있어 북부지

---

48) 3량가, 5량가, 1고주5량가, 2고주7량가 등으로 분류를 하고 있다.

49) 대량식구조 : 중국에서 대량식의 목가구는 이미 춘추시대에 완성되었으며 그 후에도 계속 발전하여 하나의 완전한 작법이 되었다. 기둥 위에는 보를 설치하고 다시 그 위에는 여러 개의 작은 기둥과 부재를 혼용하여 한조의 목구조를 이루게 된다. 평행한 두 개의 목구조 사이에는 횡으로 된 방을 사용하여 기둥의 상단에 연결함으로써 여러 형태의 목구조를 이루게 된다.

방에서 많이 채용된 대량식 목구조와 대비를 이룬다. 그러나 이러한 기준들은 어디까지나 중국 고건물의 분류 기준이므로 우리의 목조건물과는 비교될 수 없다. 그러나 발굴조사에서 밝혀진 황룡사 금당 등 큰 규모의 건물은 송 『영조법식』으로 볼 때 전당식(殿堂式)의 건물평면을 보이고, 그보다 규모가 작은 대부분의 건물은 모두 청당식(廳堂式)의 건물로 분류해 볼 수 있어 한반도 목조건축에도 일정한 기준이 있었다는 것을 추정하게 된다. 아울러 현존하는 고려말, 조선초 목조건물에서 건물의 규모에 따라 거기에 적용된 부재의 단면 치수가 상대적으로 커지고 있다는 사실로 미루어 볼 때 우리나라 목조건물에도 건물의 규모에 따른 최소한의 법식이 있다는 것을 유추할 수 있다.

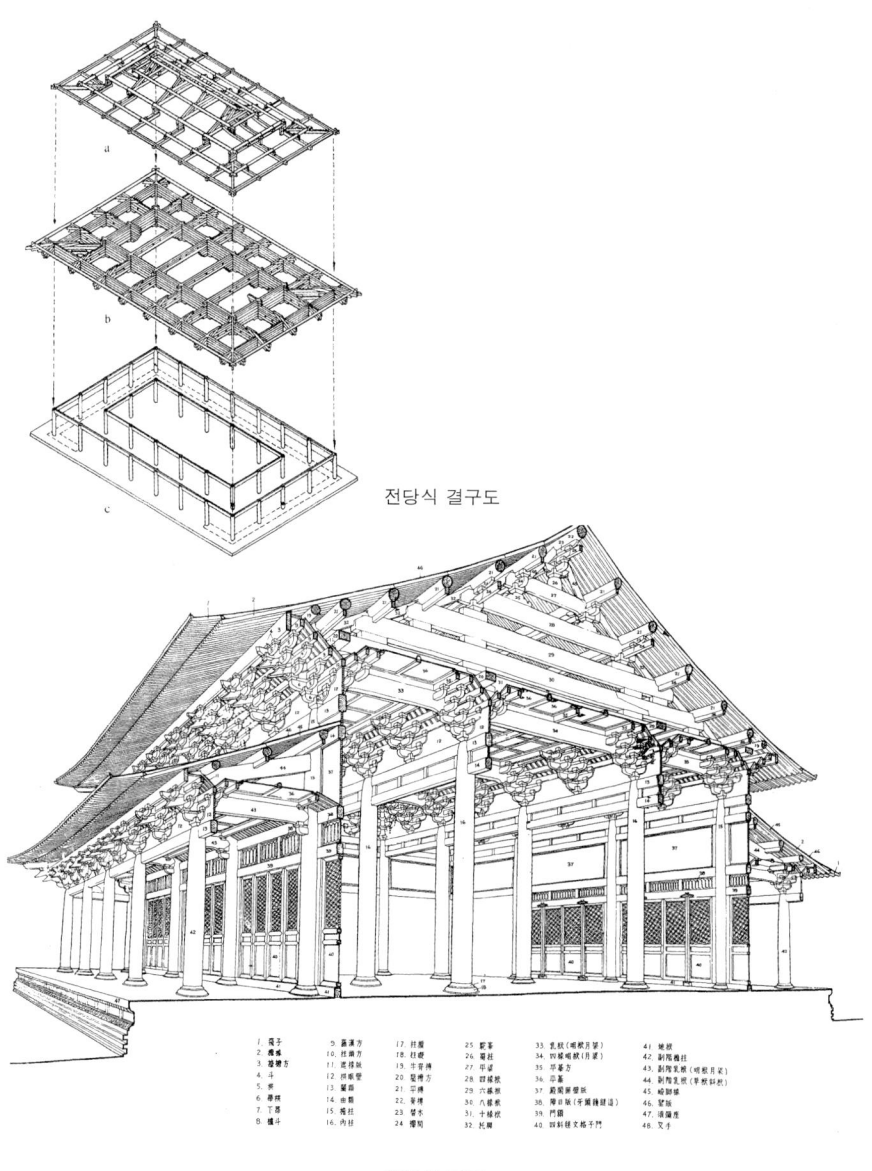

전당식 결구도

전당식 가구

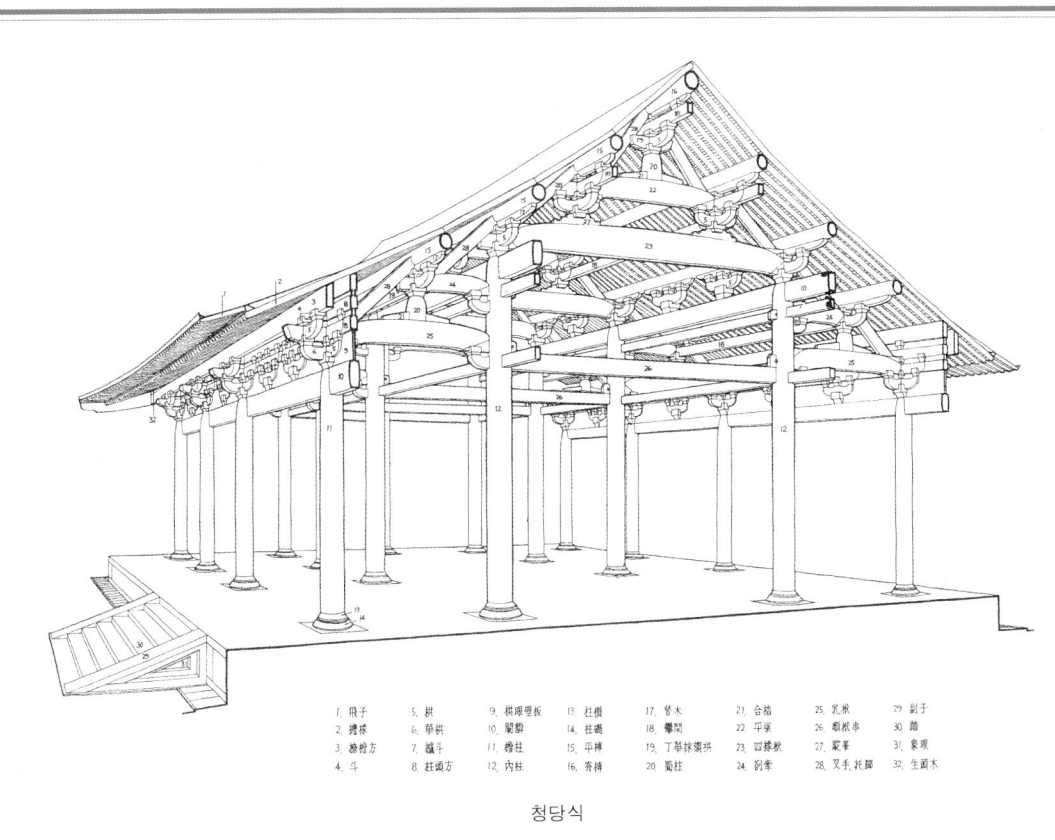

1. 椽子	5. 栱	9. 栱眼壁板	13. 柱櫍	17. 替木	21. 合㭼	25. 瓜柱	29. 劄子
2. 撩檐	6. 華栱	10. 闌額	14. 柱礎	18. 襻間	22. 平樑	26. 顎栿串	30. 踏
3. 櫨橙方	7. 櫨斗	11. 檐柱	15. 平槫	19. 丁華抹頷栱	23. 四椽栿	27. 駝峯	31. 象眼
4. 斗	8. 柱頭方	12. 內柱	16. 脊槫	20. 蜀柱	24. 剳牽	28. 叉手,托脚	32. 生頭木

청당식

천두식 가구

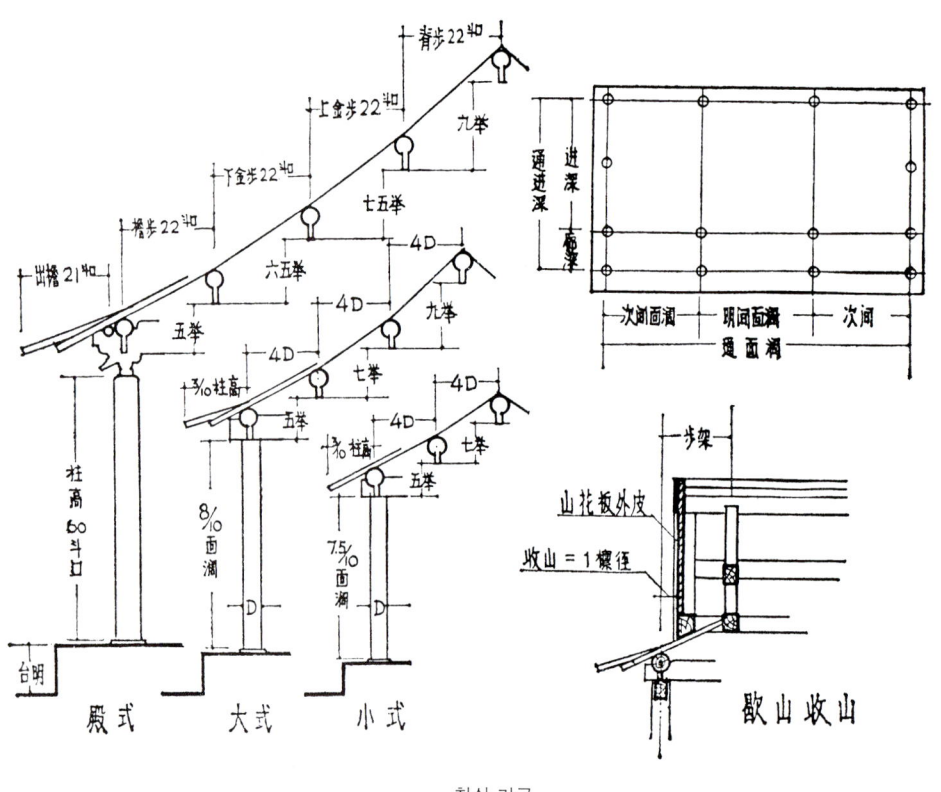

청식 가구

가. 도리

1) 도리의 명칭과 직경

도리는 목조건축발달사에서 매우 중요한 위치를 차지하고 있지만 언제부터 목조건축에 사용되었는지는 확실하지 않다. 기술사적인 면에서 고찰해 보면 건물 평면이 원형에서 장방형으로 바뀌면서 축부의 상부구조를 받치기 위한 하나의 부재로 사용되었다가 점차 지붕의 면적이 커지고 그 높이가 증가되면서 도리의 숫자도 많아지게 되었다. 그리고 평면에서 기둥위치가 결정되면 이들 기둥과 그 위에 놓이는 도리의 숫자에 따라 3량가(樑架), 5량가, 1고주(高柱)5량가, 2고주7량가, 9량가, 11량가 등으로 분류하고 그 위치에 따라 주심도리, 중도리, 중종도리, 종도리 등의 명칭이 있고『영조법식』에서는 下平榑(주심도리), 平榑(중도리), 上平榑(중종도리), 脊榑(종도리)로 부르고 있지만 결구방법은 같은 것이며 이것은 목조건축물 뼈대를 이루는 틀이 된다.

『청식영조측례(淸式營造則例)』에서는 건물의 최상단에서부터 도리를 척형(脊桁), 상금형(上金桁), 하금형(下金桁), 정금형(正心桁), 도첨형(挑檐桁)으로 세분하였다. 이러한 분류방법은 지금 한국의 목조건축 가구(架構) 분류 방법과 비슷함을 알 수 있는데 우리나라 목구조 명칭을 청식용어(淸式用語)와 비교해보면 종도리(宗道里)(脊桁), 상중도리(上中道里)(上金桁), 중도리(中道里)(下金桁), 주심도리(柱心道里)(正心桁), 외목도리(外目道里)(挑檐桁)가 된다. 그런데 송대(宋式)에서는 건물의 유형과 재등(材等)에 따라 도리(榑)의 직경을 규정하고 있는데 우리나라 목조건축에서는 아직까지 이에 대한 개념의 정리가 되어 있지 않다. 우리나라 중요 목조건축물의 도리의 굵기를 예시하여 송『영조법식』의 규정에 의하여 등재를 산정한 후 푼치(分值)값을 적용해 볼 수 있다. 여기에 제시한 수치는 정밀조사 결과에 따라 약간의 차이를 가져올 수 있다.

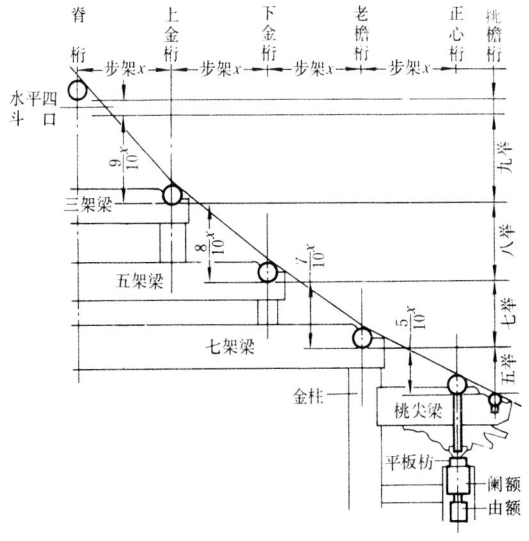

청식(淸式)도리명칭

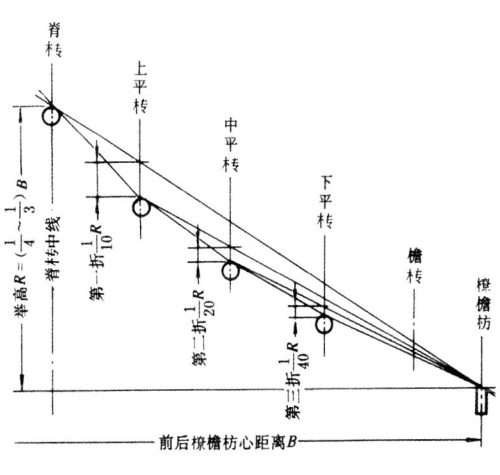

송식(宋式)도리명칭

〈『영조법식』 도리 직경에 관한 규정 (단위: 寸(㎜))〉

재분		전당		청당		여옥	
材等	分(寸)	30分	21分	21分	18分	17分	16分
1	0.60	18.0(576)	12.6(403)	-	-	-	-
2	0.55	16.5(528)	11.6(369)	-	-	-	-
3	0.50	15.0(480)	10.5(336)	10.5(336)	9.0(288)	8.5(272)	8.0(256)
4	0.48	14.4(461)	10.0(322)	10.0(322)	8.6(276)	8.2(261)	7.7(246)
5	0.44	13.2(422)	9.2(295)	9.2(295)	7.9(253)	7.5(239)	7.0(225)
6	0.40	-	-	8.4(268)	7.2(230)	6.8(218)	6.4(205)
7	0.35	-	-	-	-	6.0(190)	5.6(179)
8	0.30	-	-	-	-	-	-

〈한국 중요 목조건물 도리 분석표〉

건물명	도리경(㎜)	푼치(分值)	재분수(材分數)	건물연대	비고
鳳停寺 極樂殿	280	1.53	18	13C以前	
成佛寺 應眞殿	230	1.26	18	14C以前	
浮石寺 無量壽殿	236	1.72	14	14C以前	
修德寺 大雄殿	348	1.62	21	14C(1308)	
江陵 客舍門	303	1.40	21	14C以前	
無爲寺 極樂殿	240	1.21	20	15C初	
道岬寺 解脫門	375	1.40	31	15C初	
開心寺 大雄殿	450	1.34	33	15C初	
鳳停寺 大雄殿	305	1.00	30	15C初	
觀龍寺 大雄殿	317	1.24	22	17C中	
開巖寺 大雄殿	360	1.21	30	17C中	
龍門寺 大藏殿	240	1.17	21	17C中	
栗谷寺 大雄殿	250	1.00	25	17C中	

2) 도리의 위치와 지붕의 물매(擧折之制)

『영조법식』제2권에서는 "造屋有曲折者, 謂之庸峻"라고 하였는데 이에 관한 주석은 "거절(擧折)"이 되는데 소위 "거절지제(擧折之制)"란 종도리의 높이와 그 밖의 도리 위치를 결정하는 방법이다. "거(擧)"는 도리의 높이를 말하고 "절(折)"은 서까래(椽)들이 도리에서 구부러져 꺾이는 것을 의미한다. "거절지제(擧折之制)"라는 제도는 지붕의 형태를 정할 뿐만 아니라 지붕의 구조를 결정한다.

이러한 거절지제는 시대에 따라 다르며 지붕의 형태도 서로 달라져서 건물의 시대적인 특징이나 지역적인 특징을 표출할 수 있다. 중국건축에서 당대(唐代)의 지붕은 약간 편평한 것이었으며(즉, "거(擧)"의 높이가 낮은 것) 시간이 지나가면서 점차 높아졌다. 예를 들어 남선사(南禪寺) 대전(大殿)의 종도리 높이는 전후 외출목도리 사이의 거리의 1/6이고, 불광사(佛光寺) 대전(大殿)은 1/4.77, 송(宋)·요(遼)·금(金)·원(元) 건물은 대부분 1/4~1/3이고, 청대(淸代)의 『공정주법칙례(工程做法則例)』에 의하면 약 1/3이다.

거절(擧折)의 방법은 우선 종도리의 높이를 결정해야 하고, 다음에 여러 중도리의 높이를 결정하는 것이다. 거절의 구체적인 규정은 시대에 따라 다르다. 『주례(周禮)·고공기(考工記)』에서는 "匠人溝, 草屋三分, 瓦屋四分"라고 하는데, 이 뜻은 초가집의 종도리 높이는 건물 세로폭의 1/3에 이르고, 기와집의 종도리 높이는 세로폭의 1/4이라는 말이다. 이러한 규정은 기와지붕보다 초가지붕의 배수(排水) 기능이 부족하기 때문에 만들어진 것이다. 『영조법식』에서는 이를 참고하여 "이 제도『주례(周禮)·고공기(考工記)』에 따라 규정을 제정한다"라고 하였다.

『영조법식』제5권에서는 전각(殿閣)과 청당(廳堂)의 거절(擧折)을 결정하는 방법이 기록되어 있다. 우선 전후(前後) 외출목도리 중심축선의 거리를 측량하여, 종도리와 외출목도리 사이의 수직거리는 이 거리의 1/3이다. 통와청당(筒瓦廳堂)에 관해서는 1/4이지만, 척(尺)마다 8푼을 증가시킨다. 통와낭옥(筒瓦廊屋)과 판와청당(板瓦廳堂)과 같은 경우에는 척마다 5푼을 증가시킨다.[50] 판와낭옥(板瓦廊屋)에 있어서 3푼을 증가시킨다. 즉, 『영조법식』에서 지붕의 재료(기와의 종류) 그리고 구조의 형식에 따라 다음과 같은 규정이 있다[51]:

A. 전각루대(殿閣樓臺)와 같은 경우에는 종도리의 높이는 요첨방(橑檐枋)(출목도리) 위에서 부터 건물 전후 요첨방 사이 거리의 1/3 이다.(즉, 종도리의 높이인 H와 전후 요첨방 사이 거리인 B와의 관계는: $H = \frac{1}{3}B$ 이다)

B. 통와(筒瓦)로 덮어진 청당(廳堂)과 같은 경우에는 종도리의 높이는 요첨방 위에서 부터 전후 요첨방 사이 거리의 1/4를 기초로 하여 척마다 8푼(0.08尺)씩 증가한다. 즉:

$$H = \frac{1}{4}B + \frac{1}{4}B \times 8\%$$

C. 판와(板瓦)로 덮어진 청당(廳堂)과 같은 경우에는 $H = \frac{1}{4}B + \frac{1}{4}B \times 5\%$ 이다.

---

50) 예를 들어, 만일 전후 출목도리의 거리는 28척(尺)이라면, 종도리는 출목도리와의 수직 거리, 즉, 종도리의 높이는 28/4尺+28/4*8분 =7尺+57분 임.

51) 건물의 여러 종류에 대하여 『영조법식』에서 그 거절(擧折)를 규정하였는데, 여기서는 단지 일부분을 인용한다.

이러한 규정을 통해서 종도리의 높이를 결정할 수 있다. 나머지 도리의 높이는 작도법(作圖法)을 통해서 구할 수 있다. 그 구체적인 작법의 순서는 먼저 높이가 정해진 종도리와 외목도리를 연결하는 직선을 긋고 제1봉(縫)[52](상중도리)에서 종도리 높이 H의 1/10만큼 내리고, 다음에 다시 상중도리와 외목도리를 연결하는 직선을 그어 제 2봉과 만나는 점에서 H/20를 내려서 중도리의 위치를 결정한다. 연속적인 방법으로 제 3봉과 만나는 곳에서는 H/40, 제 4봉에서는 H/80를 내려서 하중도리의 위치를 잡는다.

『영조법식』에서는 작도법(作圖法)을 채택하였는데, 장인들은 미리 결정된 여러 도리의 위치를 그림으로 표시한 후에, 이에 따라 여러 보와 기둥 등의 위치나 구조관계를 결정하였다. 송대(宋代)에는 이러한 규정에 따라 "점초가(点草架)" 혹은 "정칙양(定側樣)"이란 작업 단계가 있었다. 그러나 우리나라는 지금 이러한 규정이 전해 내려오지 않아 미리 종도리의 높이를 정하여 다른 도리의 위치를 정했는지 "삼분변작법" 혹은 "사분변작법"에 따라 중도리의 위치를 정한 후에 종도리의 위치를 규정했는지 확실한 기록이 없다.

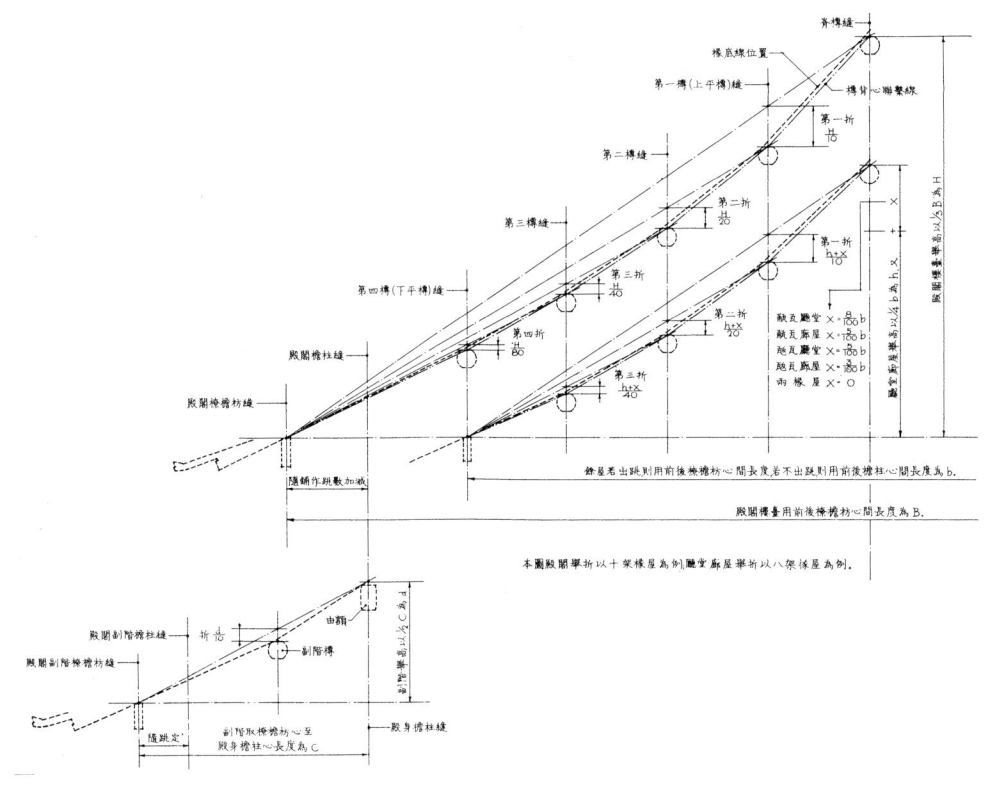

『영조법식』 도리의 위치

---

52) 전후 보칸을 도리수에 따라 등분하여 중심에서부터 제 1봉(상중도리), 제 2봉(중도리), 제 3봉(내목도리)을 정하였으며, 이것은 각 도리의 중심선을 말한다.

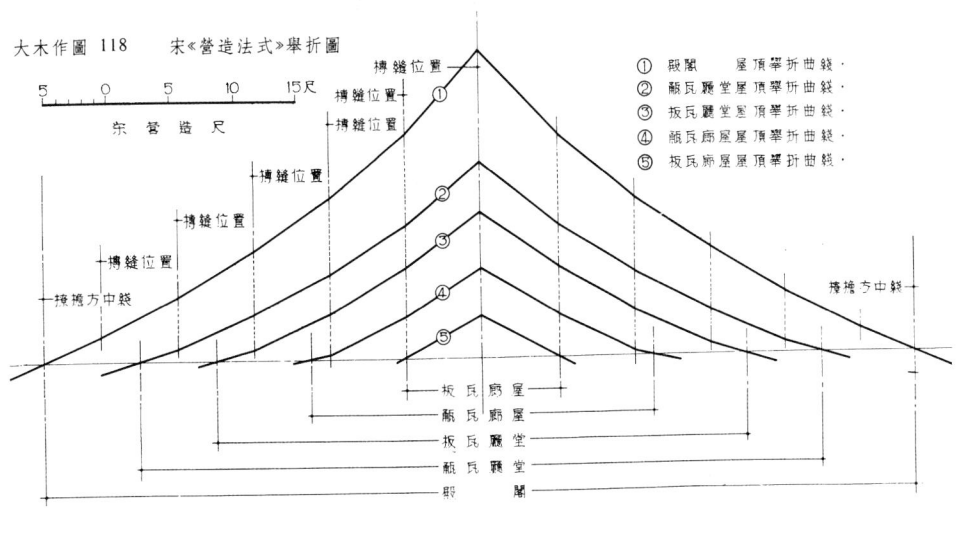

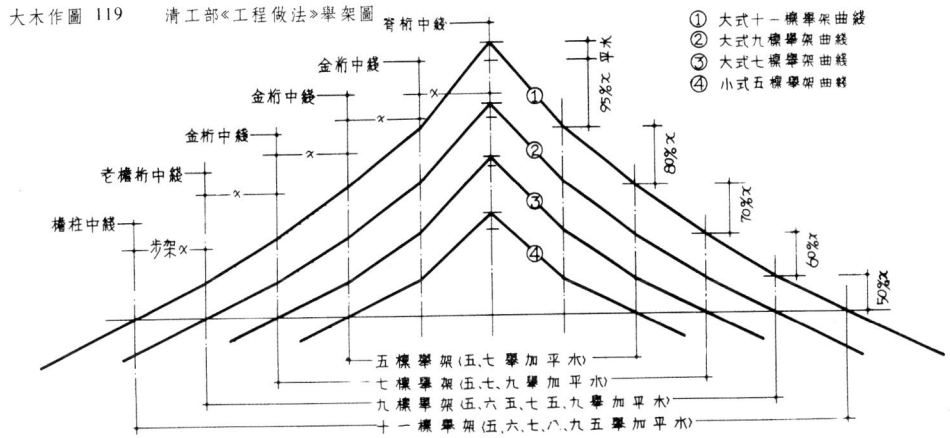

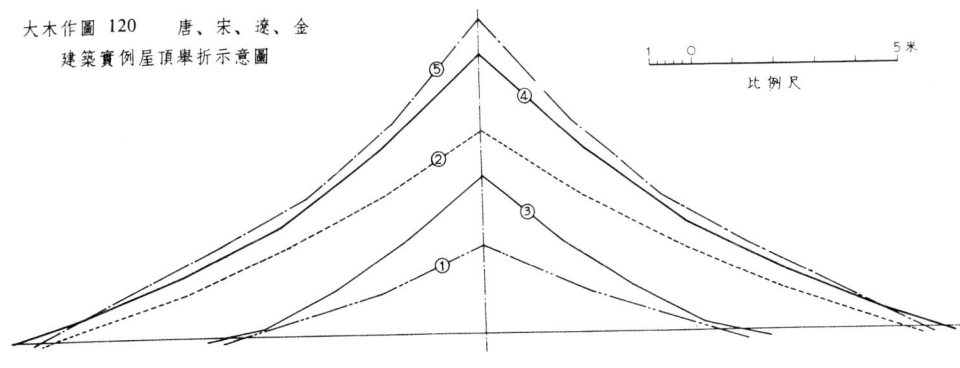

『영조법식』지붕의 물매

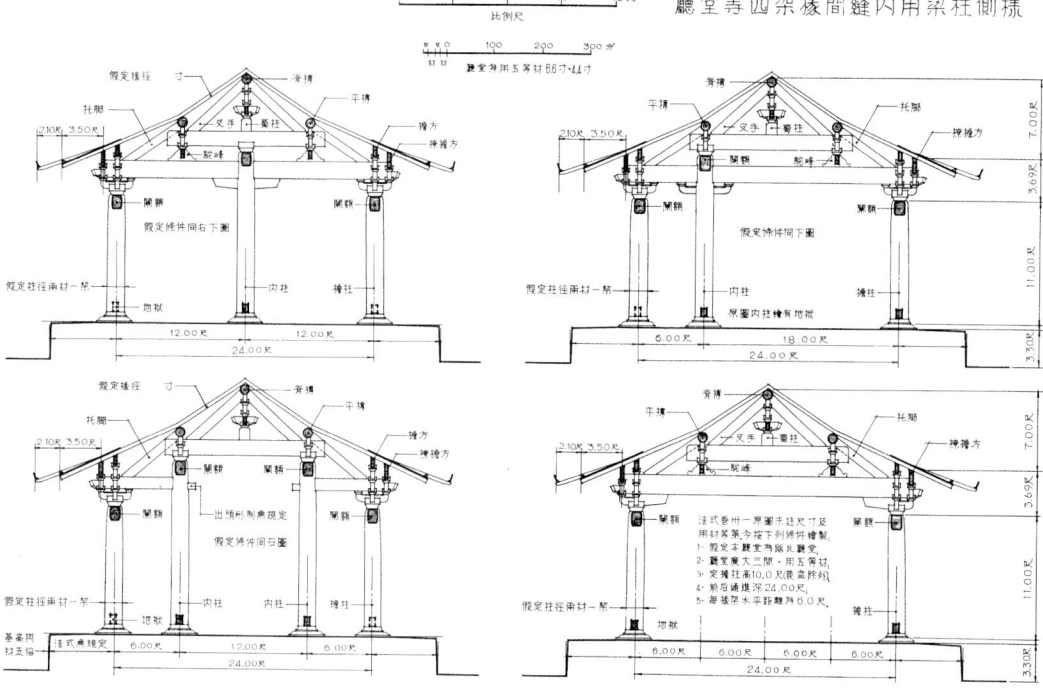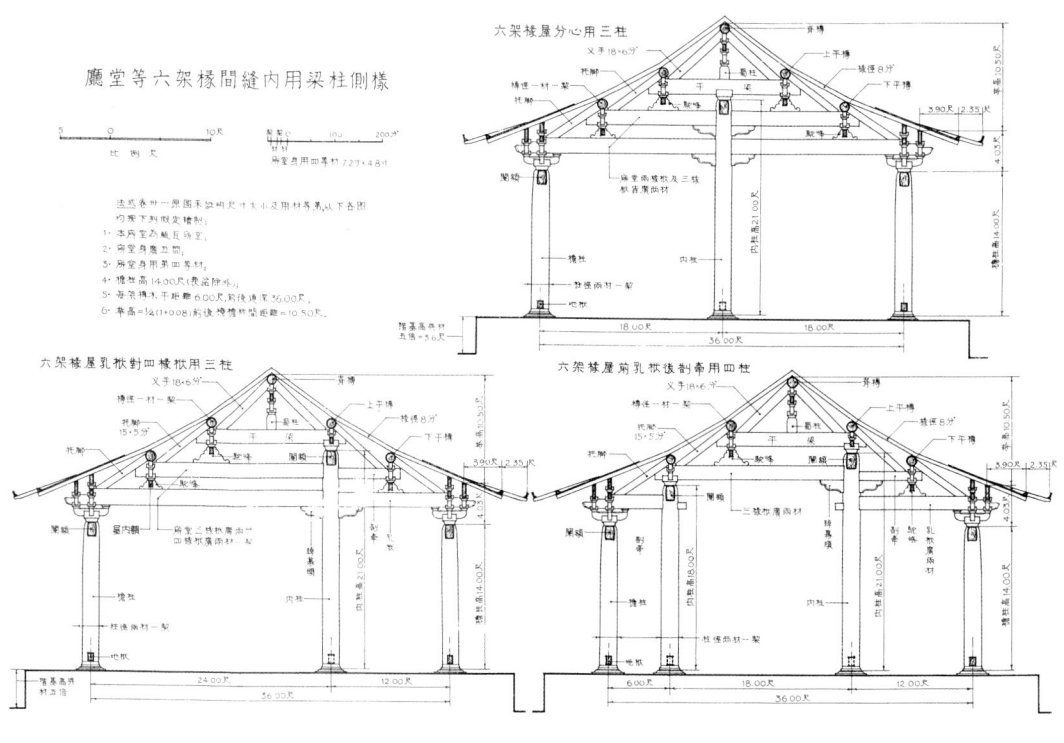

廳堂等八架椽間縫內用梁柱側樣

八架椽屋分心乳栿用五柱

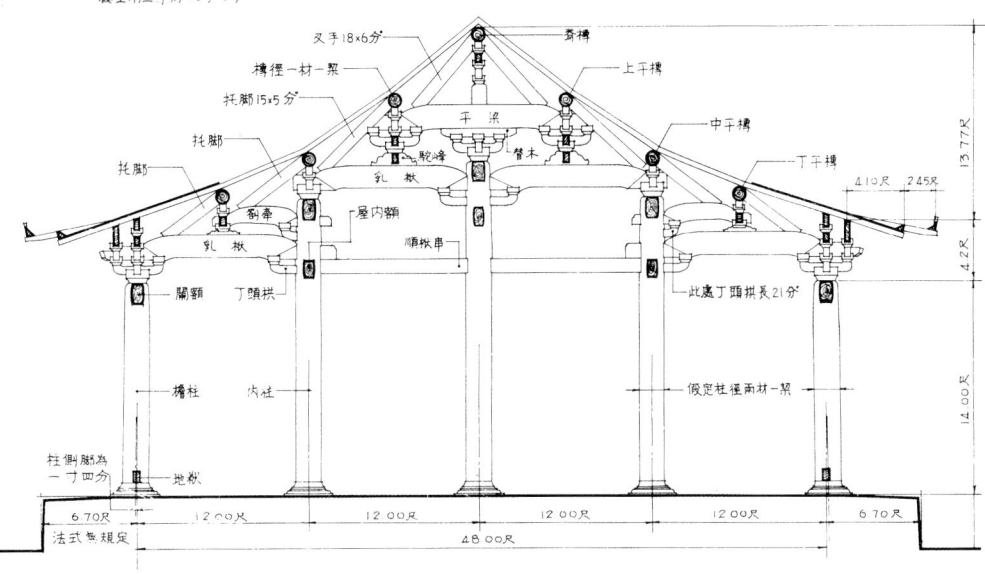

八架椽屋前後劄牽用六柱

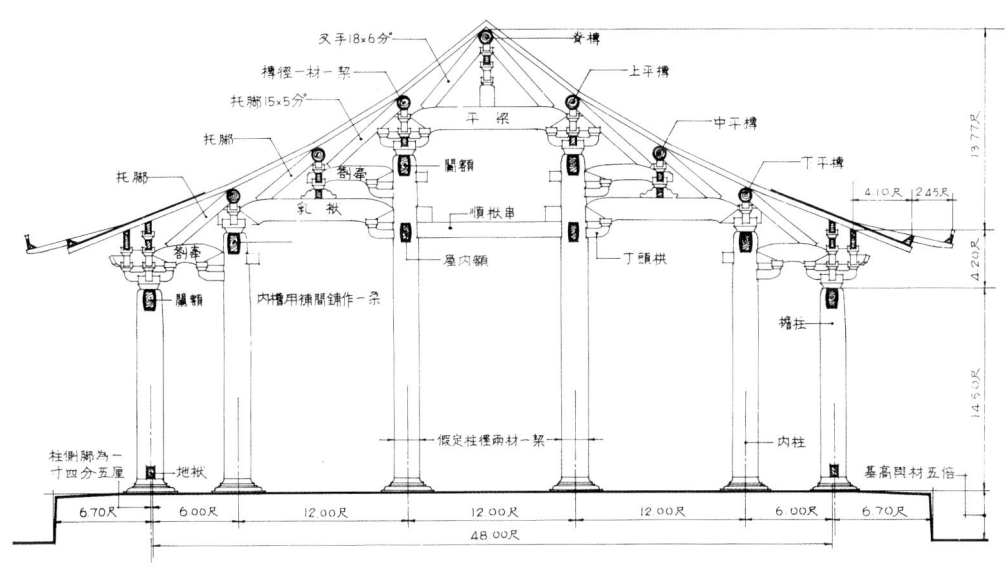

廳堂等八架椽間
縫內用梁柱側樣

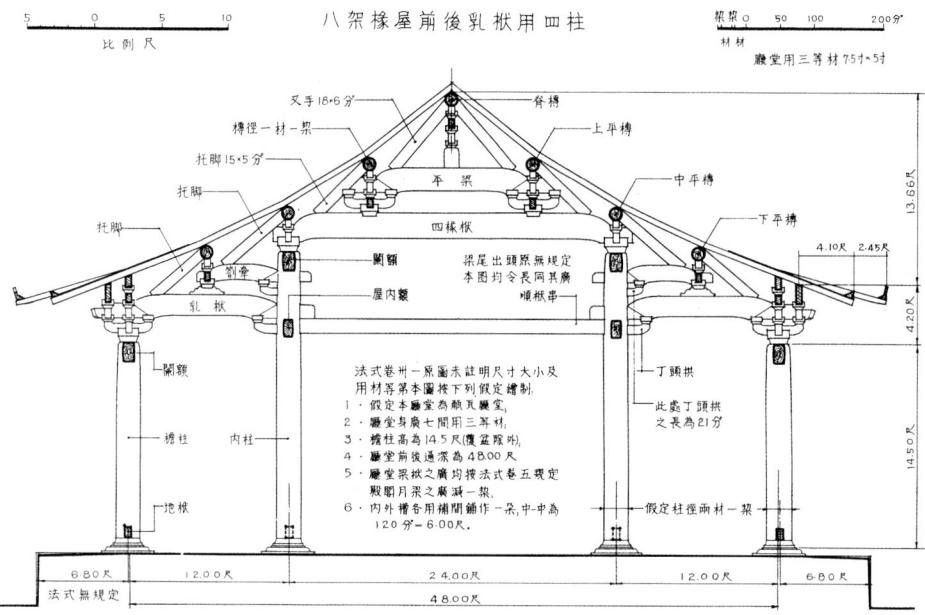

八架椽屋前後乳栿用四柱

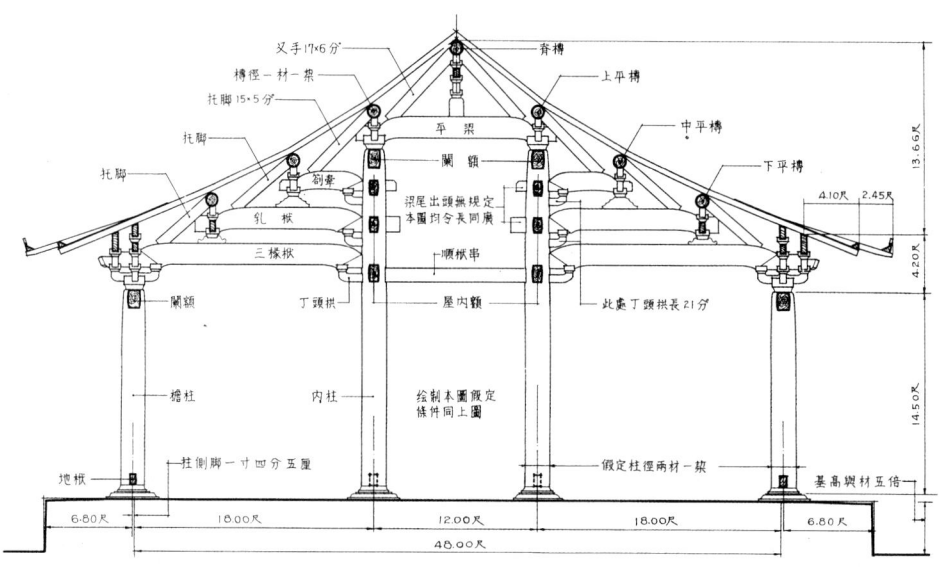

八架椽屋前後三椽栿用四柱

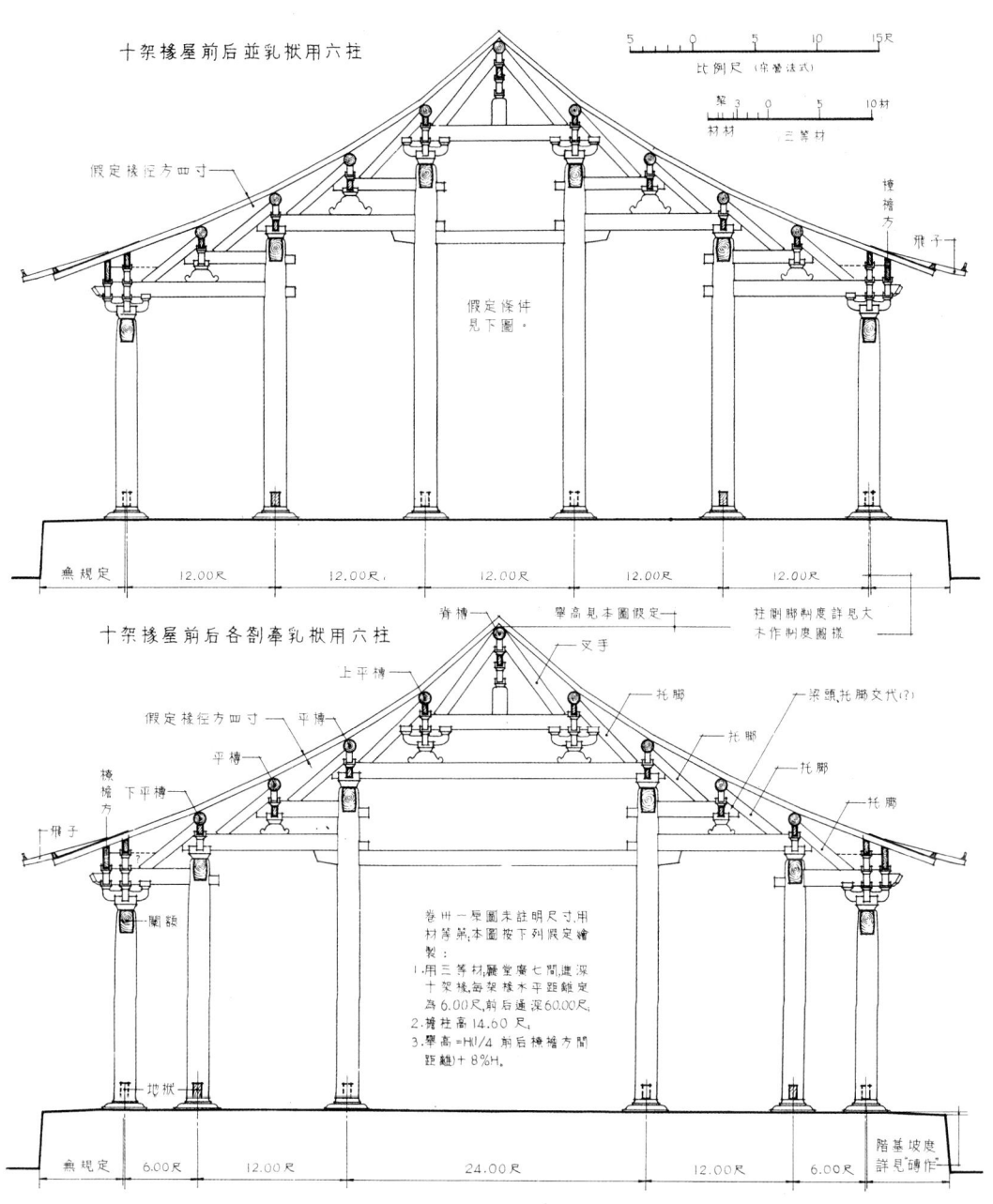

廳堂等十架椽間縫內用梁柱側樣

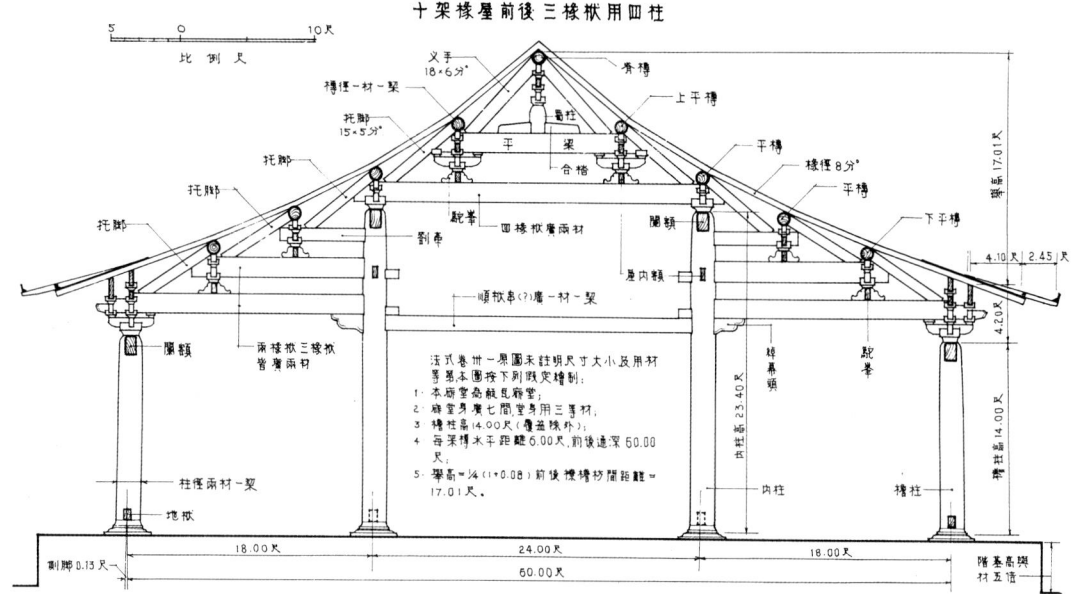

十架椽屋前後三椽栿用四柱

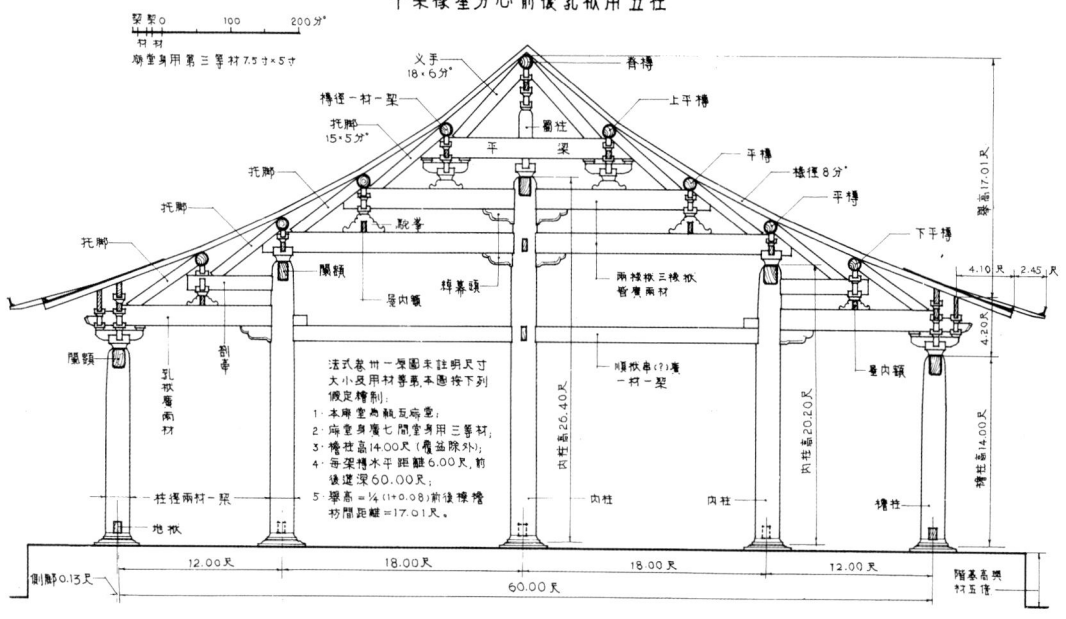

十架椽屋分心前後乳栿用五柱

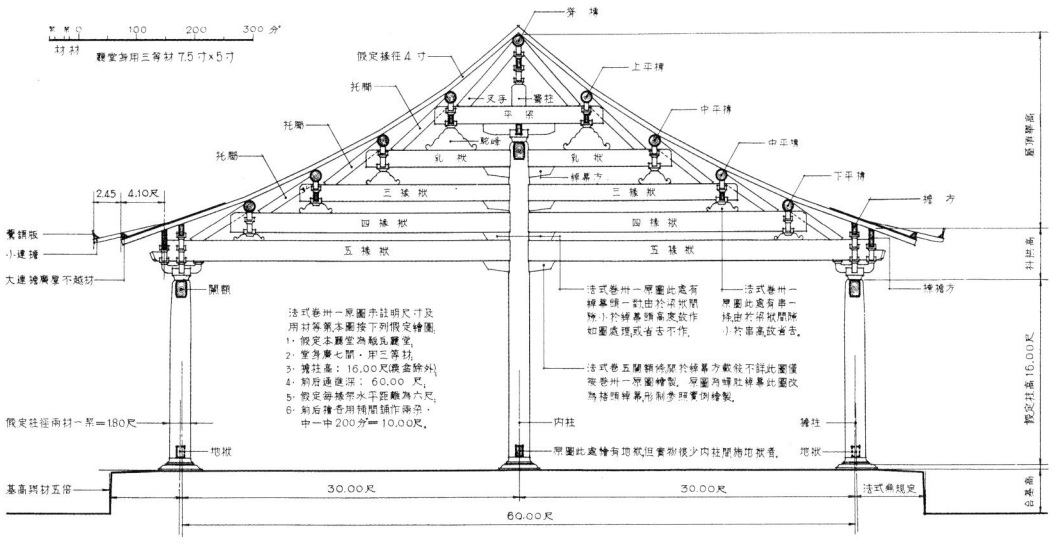

十架椽屋分心用三柱

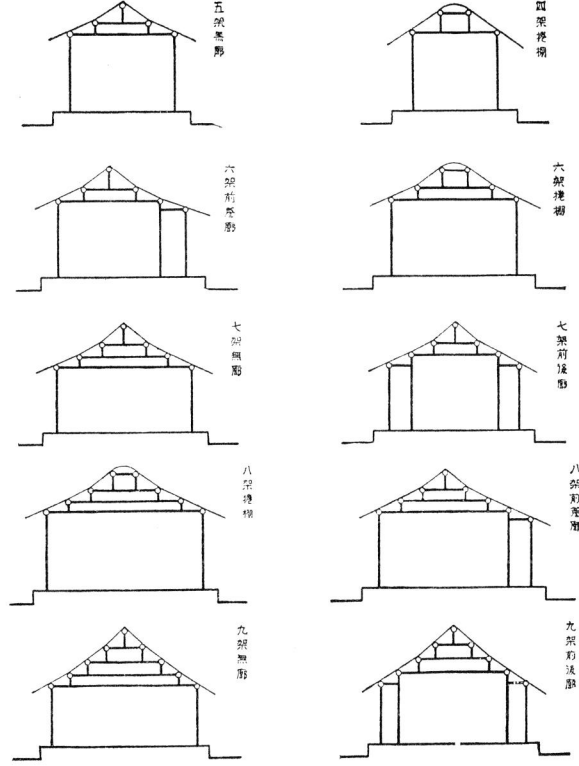

중국의 架

3) 고려시대 건물의 지붕높이(擧折)

① 봉정사(鳳停寺) 극락전(極樂殿)의 거절(擧折)

A. 종도리의 높이

봉정사 극락전의 경우에 내부 구조는 전당(殿堂)구조 이지만, 측면의 구조는 청당(廳堂)구조이다. 또 종도리와 척심도리가 동시에 있기 때문에 복잡한 경우이다. 건물 전후 외출목도리 사이의 거리는 8334mm이다. 즉, B=8334mm[53] 이다.

전당(殿堂) 구조로 계산하면, 종도리의 높이(擧)는:

$H_1 = \frac{1}{3} B = 2778mm$ 이다.

통와(筒瓦) 청당(廳堂)으로 계산할 때:

$H_2 = \frac{1}{4} B + \frac{1}{4} B \times 8\% = \frac{8334}{4} + \frac{8334}{4} \times 8\% = 2250.2 \, mm$

극락전의 실제적인 종도리 높이는 $H_3 = 1877 \, mm$ 이다.

종도리를 기준으로 계산한다면 극락전(極樂殿)의 거(擧)는 매우 완만한 것이며, $H_3/B + 1/4.44$ 로써 불광사(佛光寺) 대전(大殿)보다 조금 높아졌지만, 송대(宋代) 건물보다는 여전히 낮은 것이다.

특기할 만한 점은 극락전 종도리 위에 또 하나의 척심도리가 있다는 것이다. 이 도리를 기준으로 계산한다면, 극락전의 거(擧)는 $H_4 = 2393 \, mm$ 정도로서 전당(廳堂)구조의 거고(擧高)와 비슷하다. 또 외목도리 위에서 종도리 중심선까지 계산한다면 종도리의 높이는 2,264mm이다. 따라서 극락전의 거고(擧高)는 종도리까지의 높이로 계산하면 『영조법식』의 청당(廳堂) 규정에 접근한다.

B. 극락전(極樂殿)의 절(折)

『영조법식』과 달리 극락전의 도리 사이의 거리는 등간격으로 분포된 것이 아니다. 이는 장연과 단연이 교차하는 점에 자리하는 중도리의 위치 때문이다. 여기에서는 실제적인 도리의 수평 위치에 따라 『영조법식』의 방법을 이용하여 도리의 수직적인 높이를 계산해 보면

상중도리의 높이 h_1은

$h_1 = \frac{2250.2}{4167} \times 2995.3 - \frac{2250.2}{10} = 1392.2 \, mm$ 인데

극락전 중도리의 실제적인 높이는 1340mm이다.

하중도리의 높이 h_2는

$h_2 = \frac{2250.2}{2995.3} \times (652 + 1515) - \frac{2250.2}{20} = 894.7 \, mm$ 로 산정되는데

하중도리 실제적인 높이는 955mm이다.

---

[53] 극락전 수리공사 전(前)과 수리공사 후(後)에 여러 치수가 변하였는데, 여기서는 수리공사 후의 수치를 적용하였다.

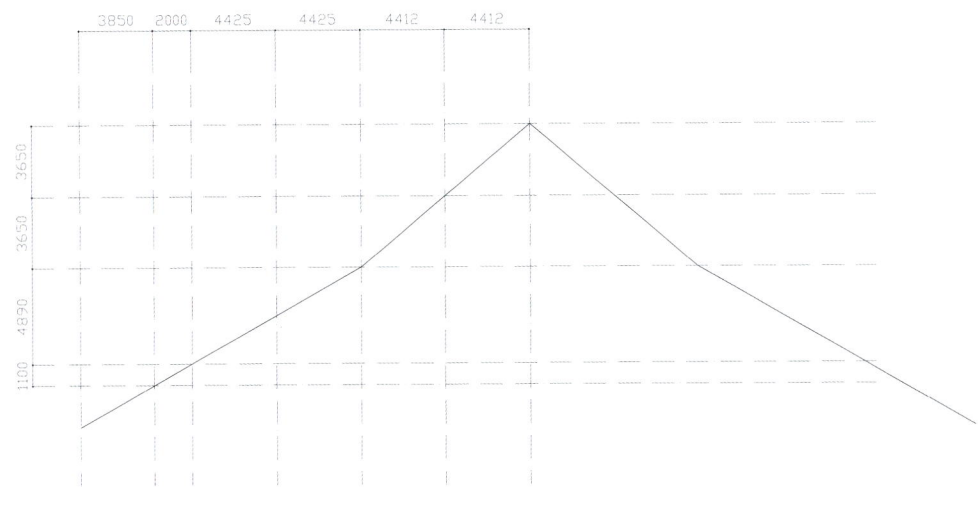

봉정사 극락전 도리간 거리

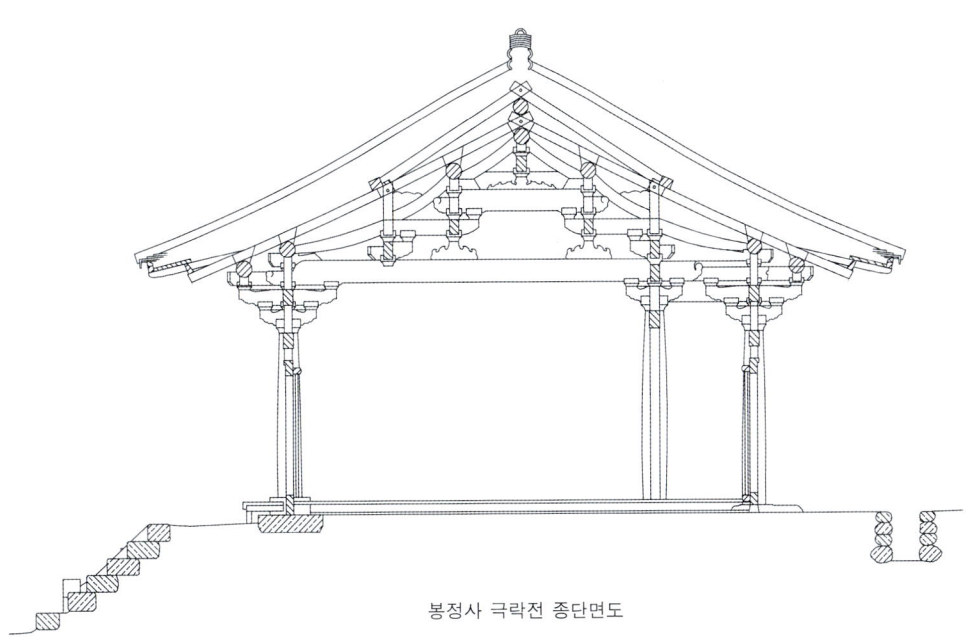

봉정사 극락전 종단면도

② 부석사(浮石寺) 무량수전(無量壽殿)의 거절(擧折)

A. 무량수전(無量壽殿)의 거고(擧高):

무량수전(無量壽殿)은 청당(廳堂)구조 건물로 전후 출목도리 사이의 거리 B는 13,092mm이다.

따라서 거고(擧高)는

$H = \frac{1}{4} B + \frac{1}{4} B \times 8\% = \frac{1}{4} \times 13092 + \frac{1}{4} \times 13092 \times 8\% = 3534.8\ mm$ 인데,

실제적인 종도리 높이는

400+739+739+1009+1000+409/2-333/2-133=3792mm 이다.

이렇게 보면 무량수전 종도리의 거고(擧高)는 『영조법식』과 비슷한 것이다.

B. 무량수전의 절(折):[54]

상중도리의 높이 h_1은

『영조법식』에 따라

$$h_1 = \frac{3534.8}{6546} \times 5182 - \frac{3534.8}{10} = 2444.8 \, mm \text{ 안데}$$

실제적인 상중도리의 높이는 400+739+739+1009+409/2-333/2-133=2,792mm이다.

중도리의 높이 h_2는

『영조법식』에 따라

$$h_2 = \frac{2444.8}{5182} \times 3818 - \frac{3534.8}{20} = 1624.5 \, mm$$

실제적인 중도리 높이는 400+739+739+409/2-333/2-133=1,783mm이다.

하중도리의 높이 h_3는

『영조법식』에 따라

$$h_3 = \frac{1624.5}{3818} \times 2288 - \frac{3534.8}{40} = 885.1 \, mm$$

실제적인 하중도리 높이는 400+739+409/2-333/2-133=1,044mm이다.

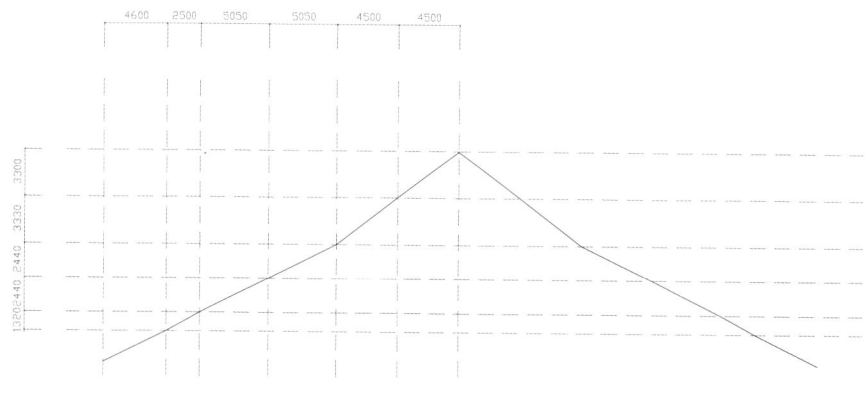

부석사 무량수전 도리간 거리

---

54) 《영조법식 대목작과 부석사 무량수전과의 비교연구 - 평면 및 단면》

부석사 무량수전 종단면도

③ 수덕사(修德寺) 대웅전(大雄殿)의 거절(擧折)

A. 거고(擧高)

수덕사 대웅전 역시 청당(廳堂)구조의 건물이다. 그 전후 출목도리 사이의 거리 $B = 11927\,mm$이다. 따라서 $H = \frac{1}{4} \times 11927 + \frac{1}{4} \times 11927 \times 8\% = 3220\,mm$ 인데

실제적인 거고(擧高)는 $H_1 = 4025\,mm$ 이다.

만약 이 건물의 형식을 전당(殿堂)으로 계산한다면 $H_2 = \frac{1}{3} B = 3676\,mm$ 이다.

따라서 이 건물의 높이는 전당(殿堂)으로 계산 할 때 거절(擧折)은 실제적인 건물에 더 부합하게 된다.

B. 수덕사 대웅전의 절(折):

상중도리의 높이 h_1은

『영조법식』에 따라

$h_1 = \frac{3976}{5963.5} \times 4625.5 - \frac{3976}{10} = 2686.3\,mm$

상중도리의 실제적인 높이는 2,919mm이다.

중도리의 높이 h_2는

『영조법식』에 따라

$h_2 = \frac{2686}{4626} \times 3288 - \frac{3976}{20} = 1710.3\,mm$

중도리 실제적인 높이는 1,813mm이다.

하중도리의 높이 h_3는
『영조법식』에 따라
$$h_3 = \frac{1710}{3288} \times 1947 - \frac{3976}{40} = 913.2 \text{ mm}$$
하중도리의 실제적인 높이는 1,100mm이다.

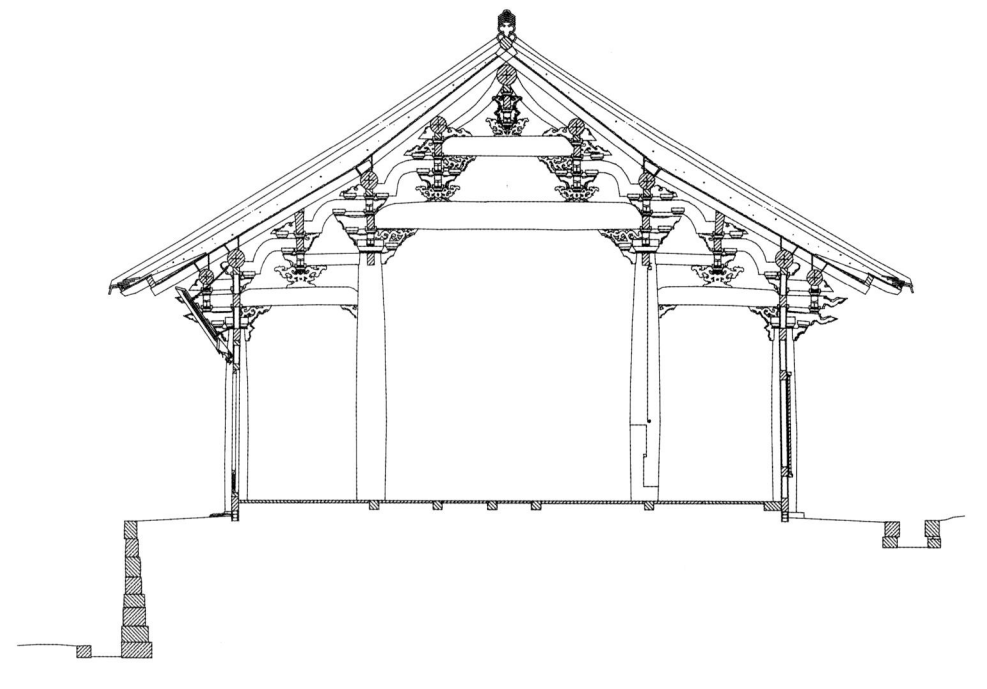

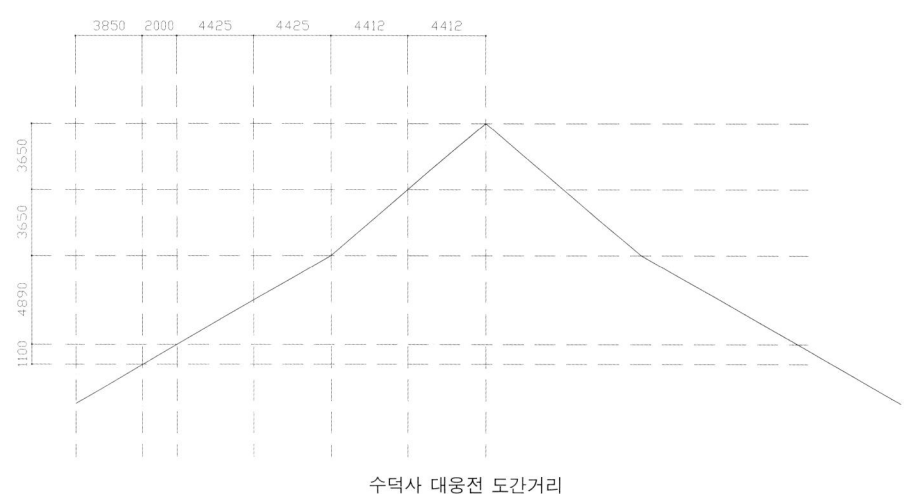

수덕사 대웅전 도간거리

고려시대 건물의 거절과 영조법식과의 관계를 정리하면 다음의 표와 같다.

〈고려시대 건물의 거절과 『영조법식』의 관계(단위:mm)〉

건물명 도리별	봉정사 극락전			부석사무량수전			수덕사 대웅전		
	h	H	H'	h	H	H'	h	H	H'
종도리 높이	2250.2	2393	2264	3534.8	3792	3587.5	3976	4025	3850.5
상중도리 높이	1392.2	1340	1193	2444.8	2792	2587.5	2686.3	2919	2734.5
중도리 높이	894.7	955	788.5	1624.5	1783	1578.5	1710.3	1813	1638.5
하중도리 높이				885.1	1044	839.5	913.2	1100	925.5

h: 『영조법식』에 따른 건물의 擧高   H: 외출목도리 위에서 종도리 위까지의 擧高
h_1: 외출목도리 위에서 종도리 중심선까지의 擧高

위 표에서 보면, 봉정사 극락전, 부석사 무량수전, 수덕사 대웅전의 종도리 높이는 송 『영조법식』의 규정과 큰 차이를 보이지 않는다. 그렇지만 이 규정은 어디까지나 송 『영조법식』의 규정에 불과한 것이다. 왜냐하면 고려시대 건물은 장연(長椽), 단연(短椽)만 사용하였고 도리간마다 독립적인 서까래가 있는『영조법식』과는 다르기 때문이다. 그리고 장연(長椽)과 단연(短椽)만으로 지붕틀을 구성하기 때문에 지붕

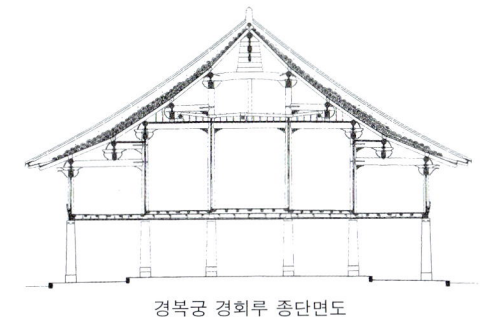

경복궁 경회루 종단면도

곡선을 만들기 어려워 지붕 위에 기와나 흙 등을 쌓거나 덧서까래를 사용하여 지붕의 곡선을 만들고 있다. 따라서 지붕의 외관적 곡선은 구조적 서까래의 곡선과 서로 분리된 것이다. 또 이러한 수법은 큰 스팬(span)의 건물인 경복궁(景福宮) 경회루(慶會樓)에서도 나타난다. 비록 두 개 이상의 서까래를 두었지만 2개의 서까래 사이에 절(折)이 거의 없으며, 2개의 서까래만 이용하는 건물과 같은 지붕곡선을 만들고 있다. 이러한 지붕처리 수법은 중국과 분명하게 다른 것이다.

나. 보(樑)

목조건축에 있어 보는 도리와 결구되어 지붕의 높이를 결정하며 그 명칭은 통상적으로 아래에서부터 대량(大樑), 중량(中樑), 종량(宗樑), 퇴량(退樑)으로 분류하고 있다. 도리가 건물의 길이와 관련이 있다면 보는 건물의 폭과 관련이 된다. 지붕의 면적이 넓어지고 그와 비례하여 지붕이 높아지면 이들을 지탱하기 위하여 보와 도리를 걸쳐 지붕의 물매를 조정하게 된다. 송『영조법식』에서는 이들 보 위에 서까래가 걸쳐지는 개수에 따라 평량(종보) 아래로는 4연복, 6연복, 8연복, 10연복으로 부르고 있으며 『청식영조칙례(淸式營造則例)』에서는 『영조법식』과 비슷한 월량(종량), 4가량, 6가량 등으로 부르고 있다. 우리나라 조선중기 이후의 목조건축에서는 측면의 중앙주상(中央柱上)에서 직각방향(直角方向)으로 측면하중(側面荷重)을 지탱하기

위한 또 하나의 보가 결구되는데 이 보를 충량(衝樑)이라고 한다. 이 충량은 대량(大樑) 위에 걸쳐지게 되는데 보머리는 통상적으로 용두(龍頭)를 하고 있다.

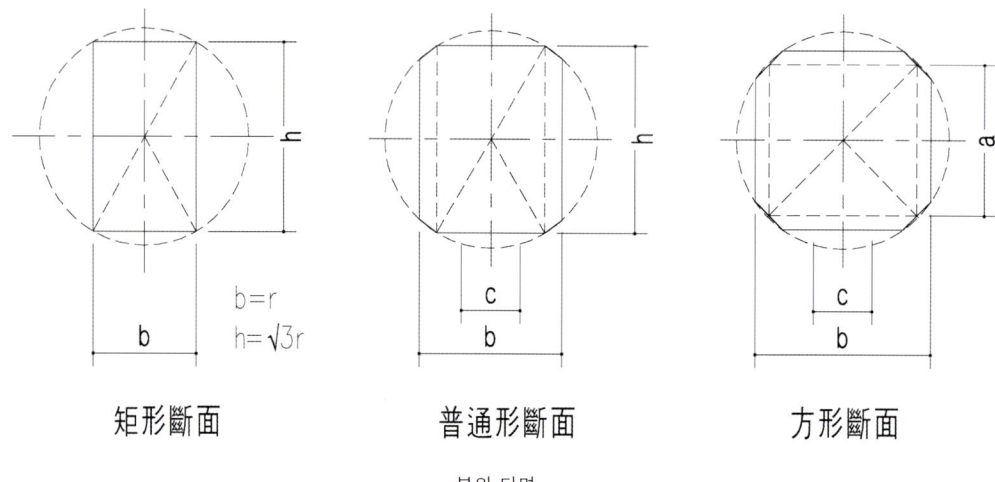

보의 단면

이들 보는 단순히 구조재로 사용한 경우와 이들 구조재에 의장적 요소가 부가된 경우로 나누어 볼 수 있는데 의장성(意匠性)이 빼어난 구조재로 사용하게 되면 통상적(通常的)으로 대량(大樑) 위의 모든 가구(架構)가 노출(露出)되는 연등천장이 된다. 반면 대량 위로 반자를 설치한 경우는 상부의 모든 부재가 은폐되어 단지 구조재로서의 역할만 하였다. 따라서 우물천장이 설치된 경우는 후대에 보수를 거치면서 그 구조가 더욱 간결하게 변화되었다.

송『영조법식』에서는 등재에 따라 양(樑)의 크기를 달리하고 있는데 단면은 방형(方形)이고 높이와 폭의 비례는 3:2를 규정하였다. 이러한 비례는 역학적인 원리에 따라 정해진 것인데 재등에 따른 보의 단면치수는 아래 표와 같다.

〈『영조법식』 보의 단면 치수〉

재등	전당 (푼)						청당(푼)	
	60 x 40	45 x 30	42 x 28	36 x 24	30 x 20	21 x 14	36 x 24	30 x 20
1	115 x 77	86 x 58	81 x 54	69 x 46	58 x 38	40 x 27	-	-
2	106 x 70	79 x 53	74 x 49	63 x 42	53 x 35	37 x 25	63 x 42	53 x 35
3	96 x 64	72 x 48	67 x 45	58 x 38	48 x 32	34 x 22	58 x 38	48 x 32
4	92 x 61	69 x 46	65 x 43	55 x 37	46 x 31	32 x 21	55 x 37	46 x 31
5	84 x 56	63 x 42	59 x 39	51 x 34	42 x 28	30 x 20	51 x 34	42 x 28
6	77 x 51	58 x 39	54 x 36	46 x 31	38 x 26	27 x 18	46 x 31	38 x 26
7	-	-	-	-	-	-	40 x 27	34 x 22
8	-	-	-	-	-	-	35 x 23	29 x 19
길이	6~8橡栿	4~5橡栿	2~3橡栿	2橡栿	2橡栿	搭牽	4~5橡栿	2~3橡栿

위 표에서 보면 중국의 목조건축에서 전당구조(殿堂構造)는 청당(廳堂)에 비해 복잡하기 때문에 양(樑)은 용도에 따라 6종류의 단면을 규정하였고 청당(廳堂)건물은 비교적 간단하여 양(樑)은 2종류로 나누었다.

그러나 우리나라의 목조건축은 아직까지 이에 대한 개념 정립이 되어 있지 않다. 그렇지만 고려 말 조선 초기 이후의 많은 건물들이 남아 있으므로 이들 건물들의 보 단면을 비교하면 이러한 분류가 가능하다고 생각된다.

圓木樑　장곡사 하대웅전　심원사 대웅전　봉정사 극락전　부석사 무량수전

장곡사 하대웅전　종묘　평양 보통문　부석사 조사당　부석사 조사당

 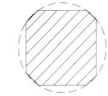 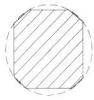 
봉정사 극락전　개심사 대웅전　통준정　矩形樑　장곡사 상대웅전

보의 단면

중국건축사에서 보면 량의 단면 비는 역사적으로 약간의 변화를 가져 왔는데 당대에는 그 비례가 대부분 2:1이고 그 이후 건축기술이 진보된 송대의 『영조법식』에서는 3:2가 된다. 금(金), 원대(元代)에 이르면 량의 단면이 매우 크게 되었고 주로 원형단면을 사용하였다. 명(明), 청대(淸代)에 보의 단면은 10:8이나 12:10로 그 비례가 규정되었는데 건물에 따라 그리고 그 부위에 따라 다르다. 그러나 이러한 비는 대부분의 건물에서 일반적인 정황을 말하는 것이다.

한반도 목조건축에서는 량(樑)의 단면 형태가 시대에 따라 조금씩 다르게 나타나고 있는데 고려시대 건물인 봉정사 극락전, 부석사 무량수전, 성불사 응진전 등의 건물에서는 대부분 항아리형(壺形)을 보이고 있다. 그러나 조선시대로 내려가면 부재의 측면을 깎아 단면이 높아지기도 하는데 대부분 모서리 부분을 조금만 다듬어 사용한 경우가 많다. 그러나 이러한 형태는 아주 일반적인 것이며 같은 부재에서도 그 위치에 따라 단면의 형태는 얼마든지 달라진다. 예를 들어 어떤 건물의 량은 자연적인 곡재를 그대로 사용한 경우도 있는데, 이에 대하여 어떤 학자들은 한국건축의 특징을 인공을 첨가하지 않는 자연에 순응하는 건축이라고 대변하고 있다. 그러나 이것은 어디까지나 목재의 부족에서 오는 하나의 궁여지책에 불과하다고 본다.

보와 함께 목조건물의 가구를 구성하는 부재로는 기둥 위나 포작 위에 놓인 도리, 그리고 이들과 함께 결구되는 인자대공(叉手)과 동자대공(蜀柱), 화반대공(駝峰)으로 분류해 볼 수 있다. 그리고 이들 가구재를 단순히 구조재로 사용한 경우와 이들 구조재에 의장적 요소가 부가된 구조재로 나누어 볼 수 있는데 의장성(意匠性)이 빼어난 구조재를 사용하게 되면 통상적으로 대량 위의 모든 가구가 노출되게 된다. 반면 대량 위로 천화반(天花板)을 설치한 경우는 상부의 모든 부재가 천화반에 의해 은폐되어 단지 구조재로서의 역할만 하였다. 따라서 천화반이 설치된 경우는 후대에 보수를 거치면서 그 구조가 더욱 간략하게 변화되었다.

이러한 현상은 중·한 목조건축에서 공통적으로 나타나는 것이다. 그리고 중국 목조건축에서는 인자 대공과 동자대공, 화반대공의 형태가 여러 가지로 나타나고 있지만 한반도 목조건축에서는 이러한 변화가 심하지 않은 편이다. 따라서 천장의 형태가 연등천장(徹上明造)인 건물에서만 인자대공과 화반대공이 보인다. 한반도 건축에서 이러한 형태를 가진 건물은 모두 고려와 조선초기의 건물들이다.

한반도 목조건축에서 대량은 건물의 측면간의 폭에 따라 대략 3가지로 형태로 결구되는 특징을 보이고 있다.

첫째는 측면의 간광이 비교적 작은 사가연(四架椽)인 경우 바로 기둥위에서 일반적으로 수장재폭(材厚)만큼 좁아져 단(槫)과 결구되는 비교적 간단한 구조이다.

둘째는 봉정사 극락전, 부석사 무량수전, 수덕사대웅전, 송광사 국사전과 같은 건물에서 보머리(梁頭)가 길게 돌출되어 포작층 상부에 결구되는 경우이다. 이때 역시 주심(柱心)과 결구되는 절점(節點)에서는 수장재폭(材厚)만큼 좁아져 주심부재와 十자(字)로 결구되게 된다. 그러나 송식(宋式) 목조건물에서 요첨방(撩檐方)은 모두 방형이다.

그러나 봉정사 극락전 등 다수의 건물에서는 보머리가 요첨방(외목도리)을 받치며 체목(替木)과 결구되는데 원형의 요첨방과 결구되기 위해서는 재 단면 높이의 비가 급격히 줄어들어야 한다. 따라서 시간의 경과에 따라 이 부분은 하중에 의해 균열되거나 절단되는 취약점을 보인다. 실제로 봉정사 극락전의 경우는 이 부분에서 재 단면의 높이가 6cm에 불과했고 거의 모든 대량부재에서 절단되는 문제점이 발견되었다.

그리고 부석사 무량수전(浮石寺 無量壽殿), 강릉 객사문(江陵 客舍門), 수덕사 대웅전(修德寺 大雄殿)의 대량 위에는 송『영조법식』에서 칭하는 사두(耍頭)가 놓여있는데 이 부재 역시 원형의 요첨방과 그 하부를 받치는 체목과 결구되기 때문에 구조적인 취약점이 발견되고 있다. 이러한 구조를 지니고 있는 건물은 대부분 고려시대 건물로 보간포작(補間鋪作)을 가지지 않는다. 한국에서는 지금 이러한 유형의 건물을 주심포 건물이라고 부른다.

세 번째는 대량의 보머리가 돌출되어 외도(外桃)의 포작과 결구되는 두 번째 경우와 달리 보머리는 주심포작 위에 놓여 외부에서는 보이지 않는 형태이다.

이때 양두는 아무런 장식이 없이 대부분 직절(直切)되고 있다. 이러한 구조는 이미 장인들이 보 머리가 길게 빠져나온 두 번째의 구조적 문제점을 해결하여 양두를 주심의 포작층 위에 놓고 양의 단면을 보강하였다. 이러한 건물의 양 단면은 거의가 장방형 또는 정방형을 보이고 있는데 전술한 고려시대에 비해 양 단면은 매우 커지고 있다. 그리고 주간포작과 더불어 보간포작이 나타난다. 따라서 큰 단면의 대량을 받치는 부재(=梁奉)가 놓이는데 봉정사 대웅전이 그 대표적인 예가 된다. 이 부재의 안쪽 머리는 대부분 천화반을 설치한 경우에도 노출되게 되므로 양봉에는 화려한 문양을 조각하였다. 이러한 양봉의 발달은 특히 조선후기로 내려오면서 화공(華栱, 혹은 앙昻)의 내부 끝을 화려한 연봉형(蓮峰形)으로 장식하는 계기를 만들었다고 생각된다.

또 송『영조법식』에서는 양을 "명복(明栿)"과 "초복(草栿)"으로 나누고 있지만 한국목조건축에서는 이 양에 대한 형태별 분류는 되어있지 않다. 그러나 명복(月梁)과 같은 형태의 양은 홍량이라고 하여 천장을 연등천장으로 하는 경우에는 고려시대 건물에 널리 사용하던 양 중 하나이다. 당송(唐宋)시기 건물에서는 실내공간에서 만일 우물천장이 설치되면 우물천장 위에 자리하는 양은 보이지 않기 때문에 월량에 비해 섬세한 가공이 되지 않았다. 이러한 양을 "초복"이라 하였다.『영조법식』에서는 천장에 천화반이 설치되지 않으면 모든 양은 "명복"으로 되어야 한다고 규정하였다. 그러나 금(金), 원(元)시기 중국 북부지방의 많은 건물들은 천화반에 관계없이 간단하게 가공된 초복이 성행하였다. 그러나 같은 시기의 남부지방 건물에서는 『영조법식』의 초복, 명복을 구분하는 제도를 유지하여 강한 지역적 특색이 나타나고 있다. 그리고 이 지방에 전해오는 『영조법원(營造法原)』은 강남지역 일대의 건물 규범을 보여주는 좋은 문헌이기도 하다. 명(明), 청(淸)시대로 들어오면 북부지방에서는 권위건축에서조차도 월량은 없어지지만 강남(江南) 일대의 민간(民間) 건축에서는 여전히 이러한 전통적 수법을 계승하여 왔다. 『영조법식』에서는 월량의 제작방법을 상세하게 도면으로 제시하고 있는데 이러한 의장적 구성은 건물의 측면에서 미의 극치를 보여주고 있다. 그리고 이 월량과 함께 사용되는 우미량은 목재의 가공기술이 뛰어난 강남 일대의 고급 건물에서 많이 사용되었는데 장인의 미적 창조정신을 승화시킨 최고의 예술품으로 원대(元代)(1317년)에 건립된 절강(浙江) 무의(武義) 연복사(延福寺) 대전(大殿)을 그 예로 들 수 있다. 이러한 월량과 우미량이 한국 충남 예산 수덕사대웅전(至大元年墨書銘:1308) 건물에서도 사용되고 있는데 이 건물은 한·중 목조구조 비교 연구에서도 매우 중요한 위치를 점하고 있다.

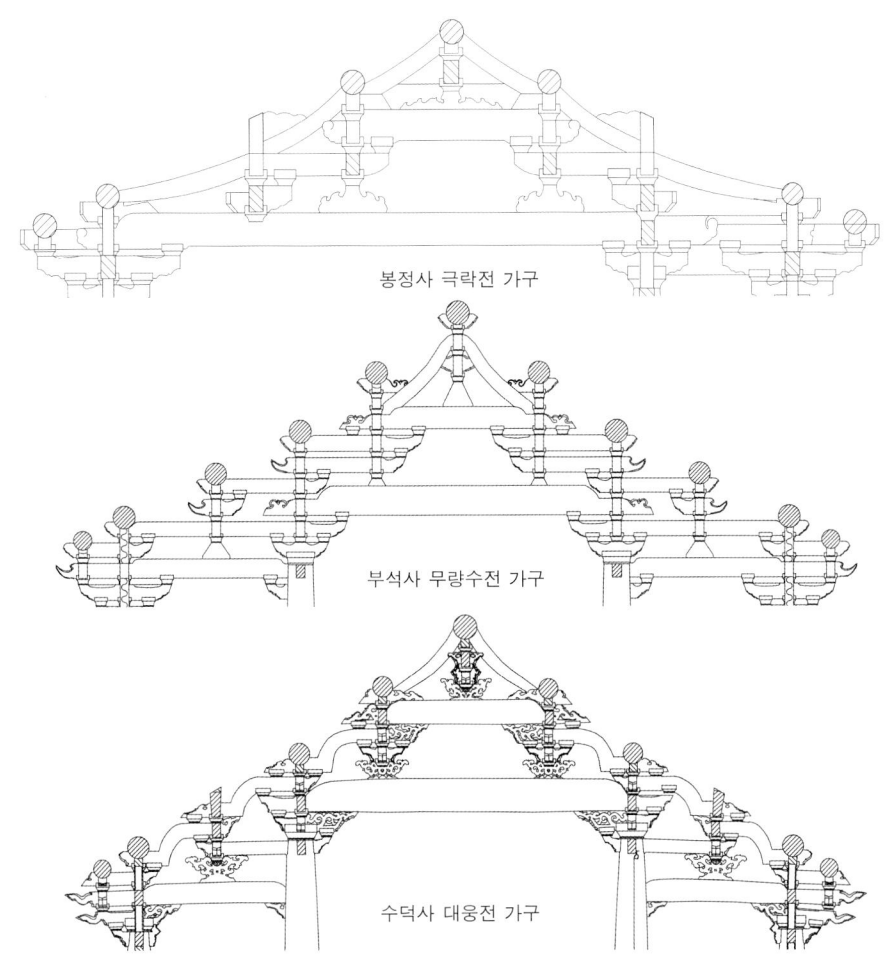

봉정사 극락전 가구

부석사 무량수전 가구

수덕사 대웅전 가구

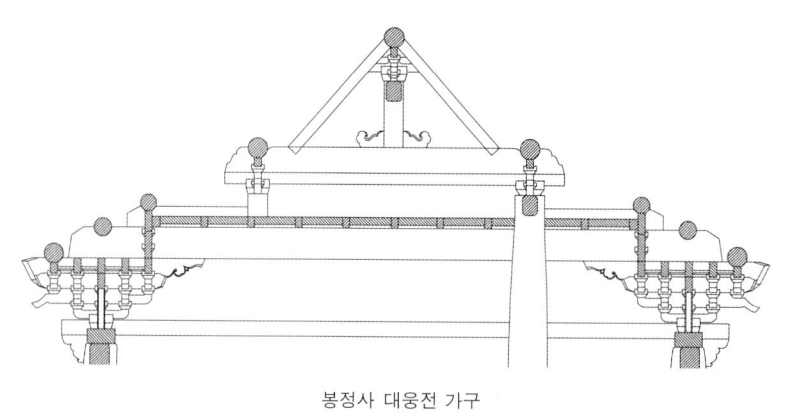

봉정사 대웅전 가구

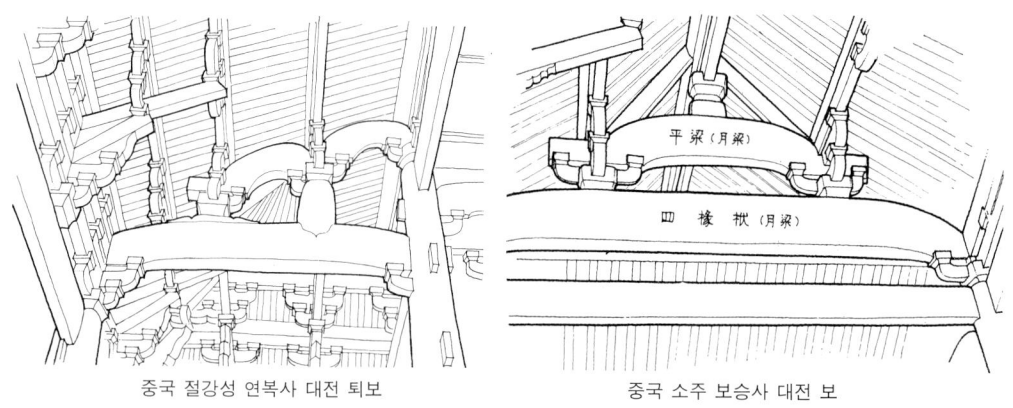

중국 절강성 연복사 대전 퇴보 　　　　중국 소주 보승사 대전 보

　한국목조건축에서 부르고 있는 대량, 중량, 중종량의 의미를 중국건축과 비교하면 십연복(十椽栿), 팔연복(八椽栿), 육연복(六椽栿)으로 대비해 볼 수 있고 종량은 평량(平梁)이 된다.

　이들 보와 함께 목조건물의 가구를 구성하는 부재로는 기둥 위나 포작 위에 놓인 도리, 그리고 이들과 함께 결구되는 인자대공(叉手)과 동자대공(蜀柱), 화반대공(駝峰)으로 분류해 볼 수 있다. 그리고 이들 가구재를 단순히 구조재로 사용한 경우와 이들 구조재에 의장적 요소가 부가된 구조재로 나누어 볼 수 있는데 의장성(意匠性)이 빼어난 구조재를 사용하게 되면 통상적으로 대량 위의 모든 가구가 노출되게 된다. 반면 대량 위로 우물천장(天花板)을 설치한 경우는 상부의 모든 부재가 천화반에 의해 은폐되어 단지 구조재로서의 역할만 하였다. 따라서 천화반이 설치된 경우는 후대에 보수를 거치면서 그 구조가 더욱 간략하게 변화되었다.

　이러한 현상은 중·한 목조건축에서 공통적으로 나타나는 것이다. 그리고 중국 목조건축에서는 차수와 촉주, 타봉의 형태가 여러 가지로 나타나고 있지만 한반도 목조건축에서는 이러한 변화가 심하지 않는 편이다. 따라서 천상(藻井)의 형태가 연등천장(徹上明造)인 건물에서만 인자대공와 화반대공이 보인다. 한반도 건축에서 이러한 형태를 가진 건물은 모두 고려와 조선초기의 건물들이다.

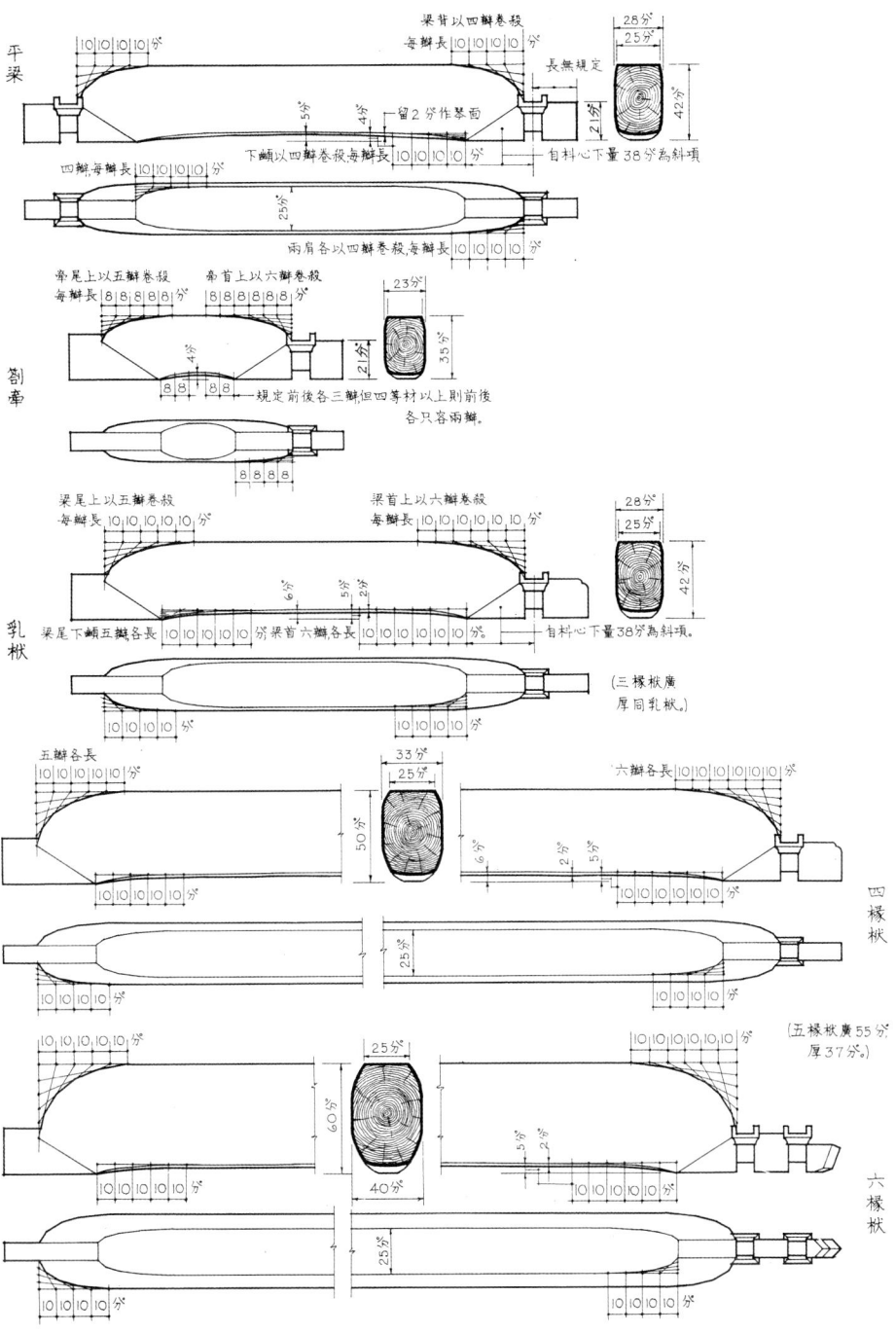

『영조법식』 중보의 치목작법

중국의 목조건축에서 전당구조는 청당에 비해 복잡하기 때문에 양은 용도에 따라 6종류의 단면을 규정하였고 청당 건물은 비교적 간단하여 양은 2종류로 나누었다.

그러나 한국건축사에서는 아직까지 여기에 대한 개념 정립이 되어 있지 않아 중국건축과 비교할 수는 없다. 그러나 고려말 조선초기 이후의 많은 건물들이 남아 있으므로 이들 건물들을 비교하면 이러한 분류가 가능하다고 생각된다.

이 건물을 기점으로 하여 한국 서해안 일대의 무위사 극락전, 도갑사 해탈문 등의 많은 건물에서 월량과 우미량이 사용되고 있다. 그러나 중국에서와 마찬가지로 역시 내륙지방으로는 이러한 수법을 찾아볼 수 없어 당시 중국의 강남지방과 이 지방(영암포, 당항포)과의 교역을 간접적으로 증명하여 주고 있다고 하겠다. 또한 이 지역에 있는 미륵사지(彌勒寺址), 왕궁리사지(王宮里寺址), 군수리사지(軍守里寺址) 발굴조사에서도 가끔씩 중국 도자기편들이 발견되고 있어 당시의 교류사실을 뒷받침하고 있다.

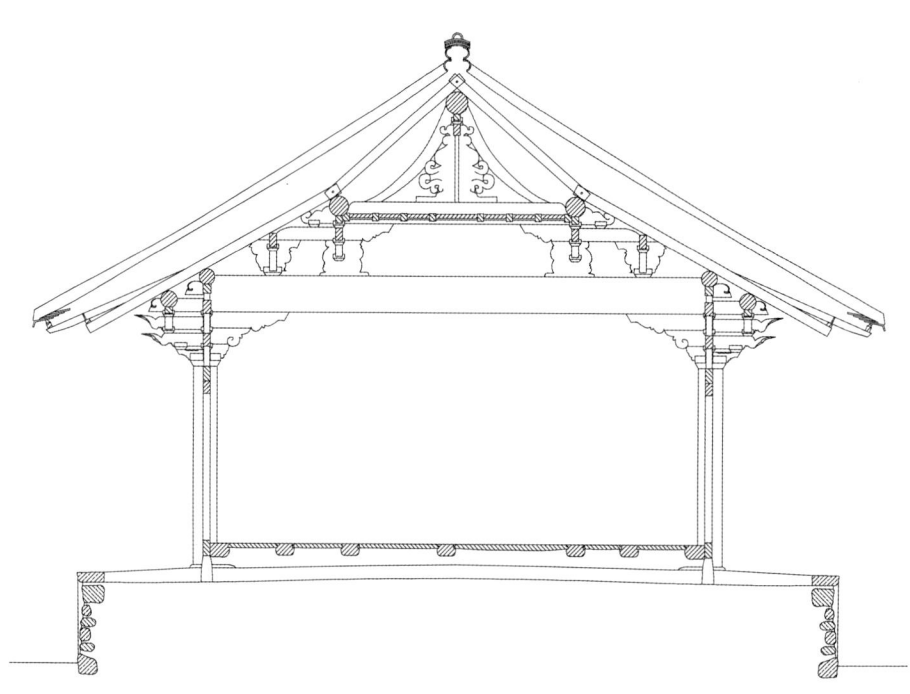

무위사 극락전 종단면도

다. 대공(臺工)

『영조법식』에서 부르는 차수(叉手)와 탁각(托脚)은 우리나라 목조건물에서 인자대공(人字臺工)(솟을합장)과 비슷한 것이다. 즉 종도리를 지지하여 보 위에 놓인 것을 차수(叉手)라 하고 도리와 도리 사이에 경사지게 놓인 부재를 탁각(托脚)이라고 부른다. 중국의 목조건물에서는 보편적으로 이들 부재가 사용되었지만 한국 목조건축에서는 고려시대 건물과 조선시대 초기 건물에서만 차수(叉手)를 사용하였고 탁각(托脚)을 사용한 경우는 오직 봉정사 극락전뿐이다.

그러나 삼국시대의 고구려 고분벽화인 쌍영총(雙楹塚)과 천왕지신총(天王地神塚) 등에서 이미 인자대공(人字臺工)을 사용한 예가 있으므로 이미 고구려 목조건물에서 유행했던 하나의 수법으로 볼 수 있다. 그리고 현존하는 고려말 조선초기 건물인 봉정사 극락전, 부석사 무량수전, 부석사 조사당, 수덕사 대웅전, 은해사 거조암 영산전, 개심사 대웅전, 성불사 극락전 등 우물천장이 가설되지 않는 연등천장에서 보이는 하나의 특징적인 요소이기도 하다. 이들 대공의 형태는 시대가 내려가면 대공에 만곡(彎曲)이 나타나기도 한다. 그리고 인자대공을 사용하면서 우물천장이 있는 건물로는 무위사 극락전, 봉정사 대웅전 등이 있는데 무위사 극락전의 우물천장은 후대에 첨가된 것이다. 그리고 봉정사 대웅전의 대공은 다른 건물에 비해 그 형태가 매우 간략화되고 있다. 그러나 조선중기로 접어들면 이들 인자대공은 한국 목조건물에서 나타나지 않는다.

중국에서는 동한(東漢)시대의 평량(종보) 위에 자리하였던 "인(人)"자 가구는 정연한 삼각형 구조로 발달되어 긴 세월이 지나면서 보편적으로 적용되었다.[55] 이러한 인자대공의 형태는 당대 서안(唐代 西安)의 대안탑(大雁塔)의 문미석(門楣石)과 산서성(山西省) 태원(太原)의 천룡산석굴(天龍山石窟), 대동(大同)의 운강석굴(雲岡石窟) 등에서 이미 보편적으로 사용되었고 당대(唐代)의 목조 건물인 남선사(南禪寺) 대전(大殿),[56] 불광사(佛光寺) 대전(大殿)의 내부로 계승되었다고 보아진다. 그러나 원대(元代) 이전에는 차수(叉手)가 실질적으로 구조적인 역할을 하고 있어서 그 용재(用材)(즉, 단면의 크기)는 비교적 큰 것이었다. 『영조법식』에서는 인자대공에 관하여 "전각(殿閣)의 차수 단면 높이는 21分, 나머지 건물은 15, 17, 18푼인데 인자대공의 폭은 높이의 1/3이다"라고 규정하였다. 원대(元代)를 지나면 인자대공의 기능이 쇠퇴하여 그 단면이 축소되었으며, 명대(明代)나 청대(淸代) 건물에서는 일반적으로 인자대공을 쓰지 않았다. 이러한 추세는 우리나라에서도 비슷하다.

또 하나의 대공으로 낙타등 모양의 부재를 중국에서는 타봉(駝峰)이라고 하는데 봉정사 극락전의 타봉(駝峰)은 남선사 대선과 비슷하고 부석사 무량수전은 봉국사 대전이나 선화사(善化寺) 보현각(普賢閣), 개선사(開善寺) 대전(大殿)과 비슷하다. 그러나 은해사 거보암 영산전에서는 촉주(蜀柱) 위에 다시 대공을 결구하고 있는데 이것은 『영조법식』에서 제시한 도면과 비슷하다.

---

55) 陳明達, 『中國 古代木結構 建築技術: 戰國-北宋』, p.43.

56) 한국 문헌에서 보편적으로 이용된 南禪寺 大殿의 단면도에서는 叉手 밑에 동자주가 있다. 사실상 이 동자주는 후세에 증가시킨 것이다. 『南禪寺 大殿 修復』(『文物』, 1980, 11호를 참조)

고려시대 한반도 목조건물에서는 송식(宋式)의 타봉에 해당되는 다양한 대공(臺工)이나 화반(花盤)이 발달하였다. 건축 발달사적인 측면에서 본다면 중국 건물에 인자대공이 성행하였던 시기 한반도 건축에도 이와 동일한 형태의 인자대공이 사용되다가 그 후 독자적으로 대공과 화반을 발달시킨 것이라고 추정할 수 있다.

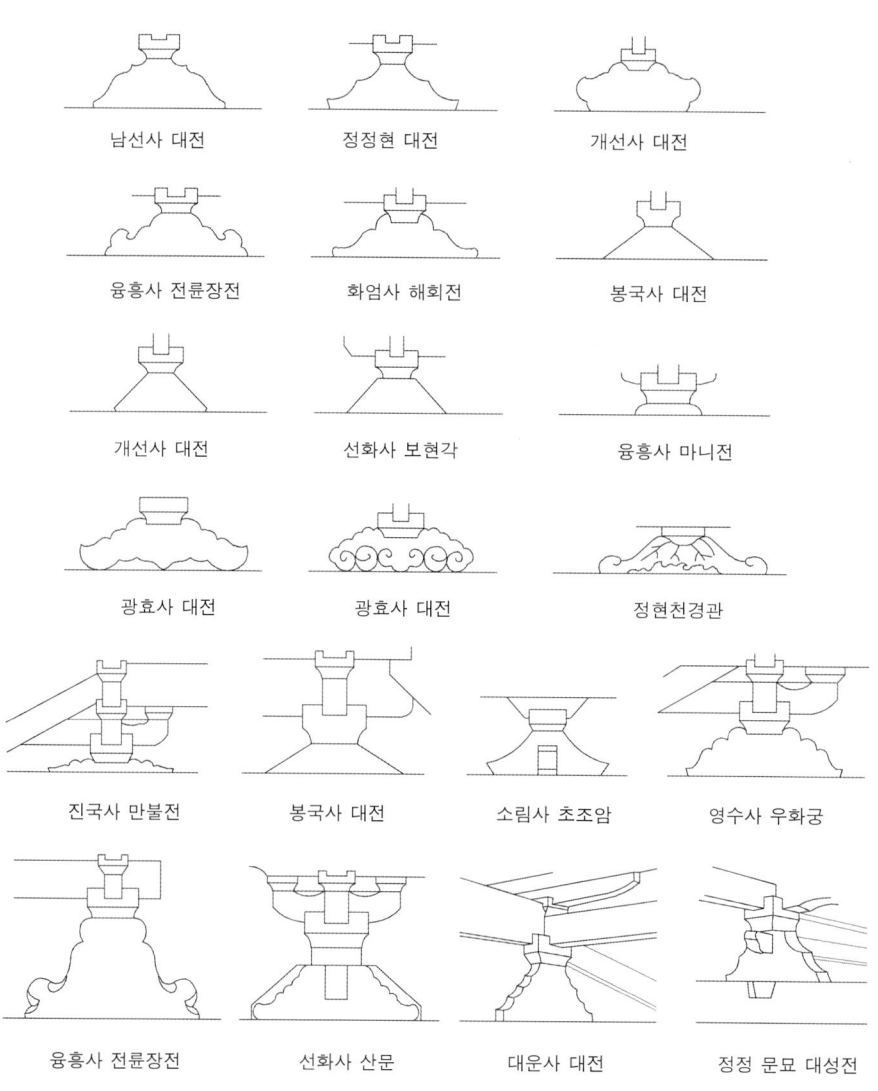

중국의 대공

이미 상술한 수덕사 대웅전, 부석사 무량수전의 인자대공에서는 『영조법식』의 정화말해공(丁華抹頦栱)과 같은 역할의 부재를 볼 수 있는데 외관적인 형태에는 조금 차이가 있지만 좋은 비교가 된다. 아울러 도리의 좌우에 이들 인자대공이 결구된다는 점도 비교대상이 된다.

그러나 수덕사 대웅전, 성불사 극락전 등에서는 화려한 포작형의 대공이 짜아지기 시작하는데 기능적으로 보면 타봉에 해당되지만 그 결구수법은 다른 것이다.

또 조선초기 건물인 무위사 극락전, 개심사 대웅전, 청평사 회전문에서는 화려한 화형(花形)의 타봉이 놓이는데 이것을 파연대공(波連臺工)이라고 부른다. 이들 건물에서는 이미 한국건축의 의장적 특징이 여러 곳에서 보이기 시작한다.

그리고 조선중기 이후가 되면 대공은 점차 그 형태가 간략화되어 가는데 우물천장이 설치되면서부터는 더욱 간단한 판대공(板臺工) 혹은 동자주 형태가 된다.

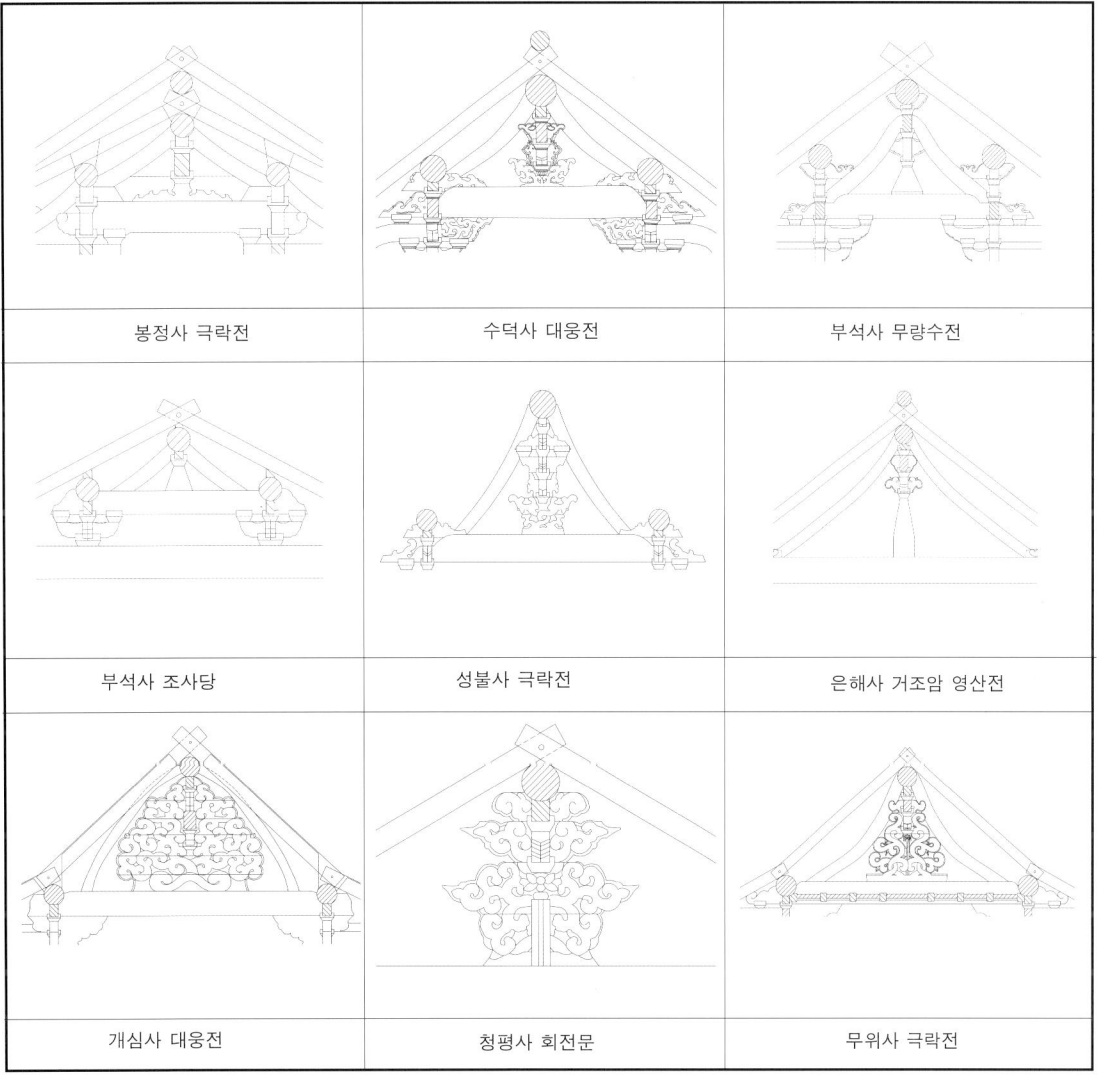

봉정사 극락전	수덕사 대웅전	부석사 무량수전
부석사 조사당	성불사 극락전	은해사 거조암 영산전
개심사 대웅전	청평사 회전문	무위사 극락전

라. 서까래

중국건축에서 서까래는 건물 유형, 재등(材等), 규모에 따라 변하며, 일반적으로 최대의 수평 길이(서까래 수평 투영의 길이)는 150푼에 불과하다. 서까래의 간격은 반드시 서까래의 직경과 조화해야 하고, 기와의 폭과 파박(笆箔)[57]과 직접적인 관계를 가지고 있다.『영조법식』권13에 따라, 산자의 종류 중 높은 등급의 것은 시잔(柴棧)이고, 그 다음이 판잔(版棧)이며, 일반적인 것은 파박이다. 파박은 강도(强度)가 낮기 때문에, 만약 서까래 간격이 커지면 파박이 함몰하게 된다. 따라서『영조법식』에서 서까래 간격에 관한 규정은 전각(殿閣)은 18~19分, 부계(副階)는 17~18分, 청당(廳堂)은 16~17分, 낭옥(廊屋)과 창고는 15~16푼으로 제한하였다.

『영조법식』의 와작과 요작제도(瓦作, 窯作制度, 기와 만들기에 관한 규정)에서 규정된 여러 종류의 기와치수를 보면, 기와의 폭은 서까래의 직경 그리고 간격에 따라 결정된다. 따라서 서까래의 직경, 간격, 기와 크기, 지붕 하중은 서로 관련된다.『영조법식』에서 서까래에 관한 규정을 보면 서까래의 직경은 역학적으로 정해진 것이며, 서까래 사이의 거리는 목재를 절약하거나 예술적인 형상에서 출발하여 결정된 것을 알 수 있다.

〈『영조법식』중 서까래에 관한 규정 (단위: 寸)〉

건물유형	椽徑 (푼)	연경 (3등재를 예로서)	중심축 간격 (푼)	중심측 간격 (3등재를 예로서)
殿閣	10	5.0 (160mm)	19	9.5 (304mm)
殿閣과 附階	9	4.5 (144mm)	17	9.0 (288mm)
附階와 廳堂	8	4.0 (128mm)	18	8.5 (272mm)
廳堂과 餘屋	7	3.5 (112mm)	17	8.0 (256mm)
餘屋	6	3.0 (96mm)	16	7.5 (240mm)

한국 건물에서 서까래의 직경은 건물 규모에 비하여 일반적으로 큰 것이다. 예를 들어 극락전 장연의 직경은 약 136mm~152mm이고, 이는『영조법식』2·3등재(等材)의 전당(殿堂)과 같다. 장연 중심축 간격이 318mm로서, 서까래의 간격은 중국 건물보다 큰 것이다. 무량수전 서까래의 직경은 0.59곡척(曲尺)으로서 약 178mm이고,『영조법식』의 표준으로 2등재(等材)의 10푼이고, 5칸 전당의 것(9~10푼)과 비슷하다. 서까래들 사이의 거리는 1.1곡척(曲尺), 약 333mm이고 전당의 기준보다는 약간 크다.

한국과 중국의 서까래 배열 방법

주목할 만한 점은 무량수전(無量壽殿)의 귀서까래의 배치형태이다. 중국 고대 건물의 귀서까래는 서로 평행하였다. 수대(隋代) 이전까지는 귀서까래를 정밀하게 가공하지 않았고 서까래 끝부분의 연장선은 동일한 점으로 모이지 못했다. 즉, 선자서까래의 결구방법이 나타나지 않았는데 그 예로 남선사 대전을 들 수 있다. 그렇지만 불광사 대전에서는 귀서까래 끝부분의 연장선은 정밀하게 같은 점으로 모이며, 이는 목재 가공기술

---

57) 파박이라는 것은 기와 밑에 놓여 있는 산자이다. 대나무로 만들어낸 것은 파(笆)라 하고, 갈대로 만들어낸 것은 박(箔)이라고 한다.

발달의 성과 중 하나이다. 부석사 무량수전 귀서까래 조립방식은 이러한 기술 수준을 보여준다. 한국의 귀서까래 기법으로는 선자서까래와 말굽서까래 배치가 있다.

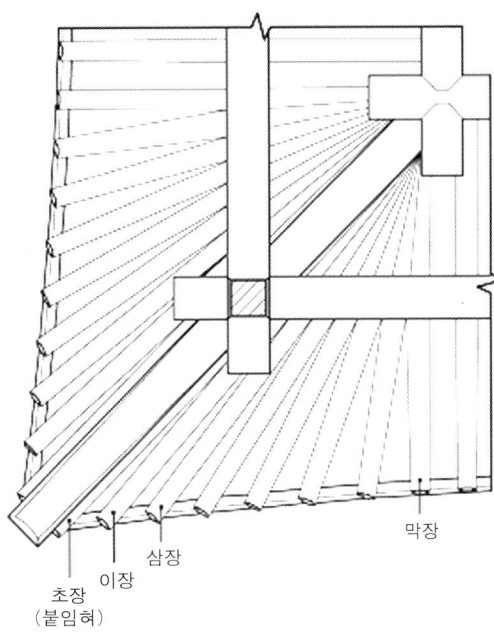

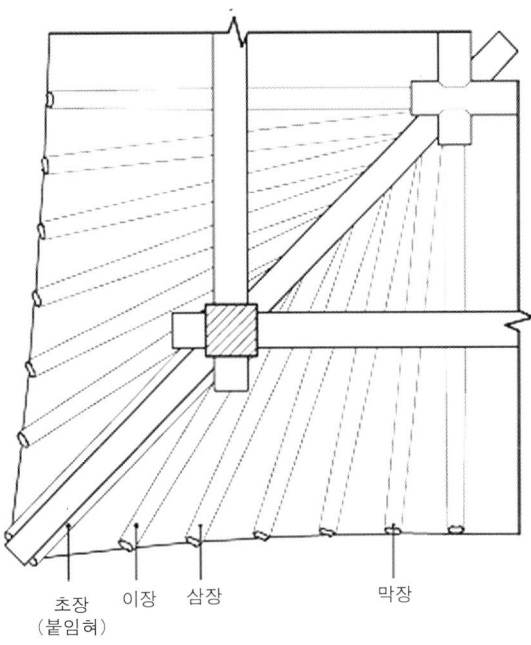

선자서까래 배치(상)와 말굽서까래 배치(하)

서까래의 수평투영 길이(橡架平長)

연가평장(橡架平長)이란 개념은 2개의 도리 사이의 수평적인 거리(즉, 서까래 수평투영의 길이)를 말한다. 중국 건물에서 도리 사이의 거리는 거의 등간격이고, 일반적으로 2개의 도리 사이에 하나의 서까래를 배치하기 때문에 도리 사이의 거리를 "연가평장"이라고 부른다.

연가평장이란 개념의 확립은 건물 규모를 정하는 데 중요한 의미를 가지고 있다. 일반적으로 "몇 칸의 건물"이라는 표현은 매우 애매한 개념으로서 그 건물의 규모를 정확히 표현하지 않는다. "몇 칸 몇 연(橡)의 건물"이라고 말할 때 비로소 그 건물의 구체적인 규모를 알 수 있다. 이러한 기준은 구조기술이 일정한 수준에 이른 후에 제정될 수 있었다. 중국에서는 수당(隋唐) 이전의 건물에 관련된 문헌기록을 보면 건물의 규모를 묘사할 때 "칸(間), 연(橡)"을 적용하지 않았다.

『영조법식』에서 연가평장에 관한 규정은 다음과 같다: "用橡之制:每架平不過六尺, 如殿閣或加五寸至一尺五寸....." 그 뜻은 2개의 서까래 사이의 최대 거리가 6척(尺)이며, 큰 전각건물에서는 6.5~7.5척에 이를 수 있다는 뜻이다. 이 규정의 내용은 다만 6등재(等材)의 건물에 대하여 말하는 것이다. 재분(材分)제도에서 제시한 연가평장에 대한 치수는 다음과 같다.

<『영조법식』에서 연가평장에 관한 규정>

재분제도		연가평장	
재등	분치(촌)	표준치수(150푼)	큰 전각에서(187.5푼)※
1	0.60	9.00 척(2880mm)	11.25 척(3600mm)
2	0.55	8.25 척(2640mm)	10.30 척(3296mm)
3	0.50	7.50 척(2400mm)	9.38 척(3000mm)
4	0.48	7.20 척(2304mm)	9.00 척(2880mm)
5	0.44	6.60 척(2112mm)	8.25 척(2640mm)
6	0.40	6.00 척(1920mm)	
7	0.35	5.25 척(1680mm)	
8	0.30	4.50 척(1440mm)	

※6등재를 제외한 치수는 『영조법식』에서 나타나지만 실제 건물에선 찾을 수 없음.

건물의 실례를 고찰하면 이러한 규정에 부합하는 사실을 알 수 있다. 상화엄사(上華嚴寺) 대전(大殿)은 요(遼)·송(宋)·금(金)·원(元)시대의 건물에서 최대의 연가평장을 가지고 있는데, 그 치수는 9.1척(尺)이고, 『영조법식』에서 1등재의 표준 연가평장인 9척에 비하여 다만 1촌(寸)을 넘었다.

중국 건물에서 서까래의 직경은 재등(材等)에 따라 변하며, 최대의 직경(1등재의 경우)은 9촌(약 285mm)이다. 서까래의 처짐을 방지하기 위하여 그의 표준 스팬(span)은 150푼(分)(1등재 2880mm)로 제한되었다. 따라서 연가평장이 결정되어야만 건물의 규모를 정할 수 있다. 이러한 기준은 목조건물을 설계할 때 매우 중요한 요소라 생각된다.

〈『영조법식』의 건물 규모〉

건물 유형	등 재	최대의 정면 폭 간광 (푼/cm)	최대의 정면 폭 칸수	최대의 정면 폭 합계(cm)	최대의 측면 폭 연가평장 (푼/cm)	최대의 측면 폭 연수	최대의 측면 폭 합계(cm)
전당	1	375/ 720	9~11	6480~7920	150/ 288	10~12	2880~3456
전당	2	375/ 660	5~7	3300~4620	150/ 264	6~8	1584~2112
전당	3	375/ 600	3~5	1800~3000	150/ 240	4~6	960~1440
전당	4	375/ 576	3	1728	150/ 230	4	922
전당	5	300/ 422	소 30※	1267	150/ 211	4	845
청당	6	300/ 480	7~9	3360~4320	150/ 240	8~10	1920~2400
청당	7	300/ 460	5	2304	150/ 230	6	1382
청당	8	300/ 422	3	1248	150/ 211	4	845
청당	9	250/ 320	소 3※	960	125/ 160	4	640
여옥	10	250/ 400			125/ 200	4~10	800~2000
여옥	11	250/ 384			125/ 192	4~10	768~1920
여옥	12	250/ 352			125/ 176	4~10	704~1760
여옥	13	250/ 320			125/ 160	4~10	640~1600
여옥	14	250/ 280			125/ 140	2~4	280~560

※ 3칸의 전당이나 청당은 다시 큰 3칸의 것과 작은 3칸의 것으로 나눈다.

위 표에 따르면 『영조법식』의 기준에 따라 지을 수 있는 최대의 건물 정면 폭은 80.6m,[58] 측면의 폭은 34.6m의 건물이다. 현존하는 건물 중에서 이 정도에 이르는 건물은 없다.

---

58) 본래 이 건물 정면의 최대 폭은 79.2m 인데, 제일 큰 건물의 어간 간광(間廣)이 450푼으로 확대할 수 있기 때문에 80.6m로 될 수 있다.

用椽之制表	
屋類	椽徑
殿閣	1材1架 或 2材
廳堂	1材3分至1材1架
餘屋	1材1分或1材2分

出際之制表	
屋架數	出際長
兩架	2.00-2.50 尺
四架	3.00-3.50 尺
六架	3.50-4.00 尺
八至十架	4.50-5.00 尺
殿閣轉角	長隨架.

造檐用椽之制表

屋 類	材等	椽長(平長)	椽徑		檐出 (自檐檁心出)	飛子出 (按檐出算)	布椽稀密 (椽中至中)		檐角生出	
			材分	實大						
九間至十一間殿	一	7.00-7.50尺	10分	0.60 尺	約4.60 尺	約2.75 尺	0.90-0.95尺	殿閣	五間以上	隨宜加減
五間至七間殿	二	6.00-6.50 ″	9-10	0.50-0.55 ″	″ 4.25 ″	″ 2.55 ″				
三至五間殿七間堂	三	6.00-6.50 ″	8-9	0.40-0.45 ″	″ 4.10 ″	″ 2.45 ″	0.85-0.90 ″	副階	五間	0.70 尺
三間殿或五間堂	四	6.00 ″	8	0.40 ″	″ 3.90 ″	″ 2.35 ″				
小三間殿大三間堂	五	6.00 ″	7-8	0.31-0.35 ″	″ 3.75 ″	″ 2.25 ″	0.80-0.85 ″	廳堂	三間	0.50 ″
亭榭 小廳堂	六	6.00 ″	7	0.28 ″	″ 3.50 ″	″ 2.10 ″				
小殿 亭榭	七	5.50(?)″	6-7	0.21-0.25 ″	″ 3.10 ″	″ 1.85 ″	0.75-0.80 ″	廊庫屋	一間	0.40 尺
小 亭榭	八	5.00(?)″	6分	0.18 ″	約3.00 ″	約1.80 ″				

法式卷五造檐用椽之制均無嚴格規定.故本表尺寸均係約略數目,可以隨宜加減.

『영조법식』 서까래 작법

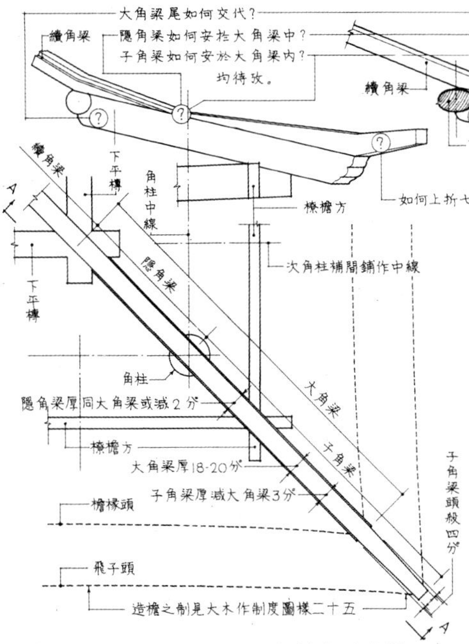

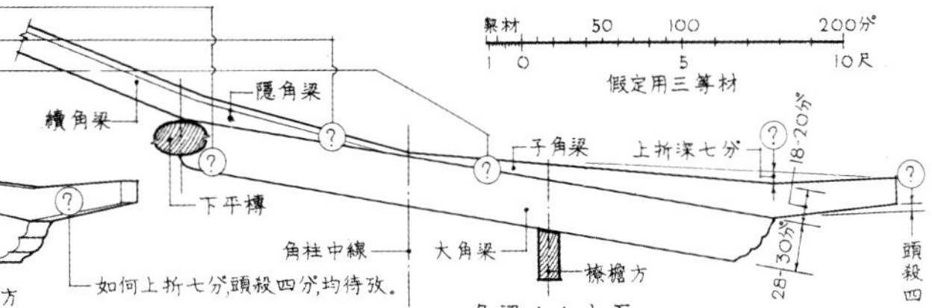

角梁 A-A立面

造角梁之制:

大角梁,其廣二十八分至加材一倍,厚十八分至二十分。頭下斜殺長三分之二。或於斜面上留二分,外餘直卷為三瓣。

子角梁廣十八分至二十分,厚減大角梁三分。頭殺四分,上折深七分。

隱角梁上下廣十四分至十六分,厚同大角梁或減二分。上兩面隱廣各三分,深各一椽分。(餘隨逐架接續隱法皆倣此。)

凡角梁之長:大角梁自下平槫至下架檐頭。子角梁隨飛檐頭外至小連檐下,斜至柱心(安於大角梁内)。 隱角梁隨架之廣,自下平槫至子角梁尾(安於大角梁中)。 皆以斜長加之。

凡造四阿殿閣,若四椽六椽五間,及八椽七間,或十椽九間以上,其角梁相續,直至脊槫,各以逐架斜長加之。如八椽五間至十椽七間,並兩頭增出脊槫各三尺。隨所加脊槫盡處,別施角梁一重。俗謂之吳殿,亦曰五脊殿。

凡廳堂若厦兩頭造,則兩梢間用角梁轉過兩椽。(亭榭之類轉一椽。今亦用此制為殿閣者,俗謂之曹殿,亦曰漢殿,亦曰九脊殿。)

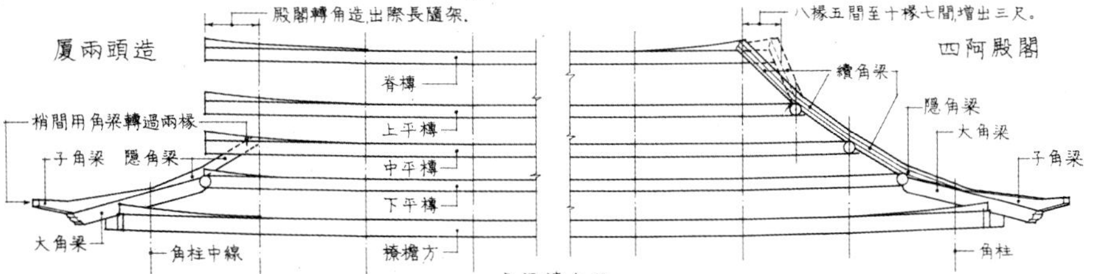

角梁槫立面

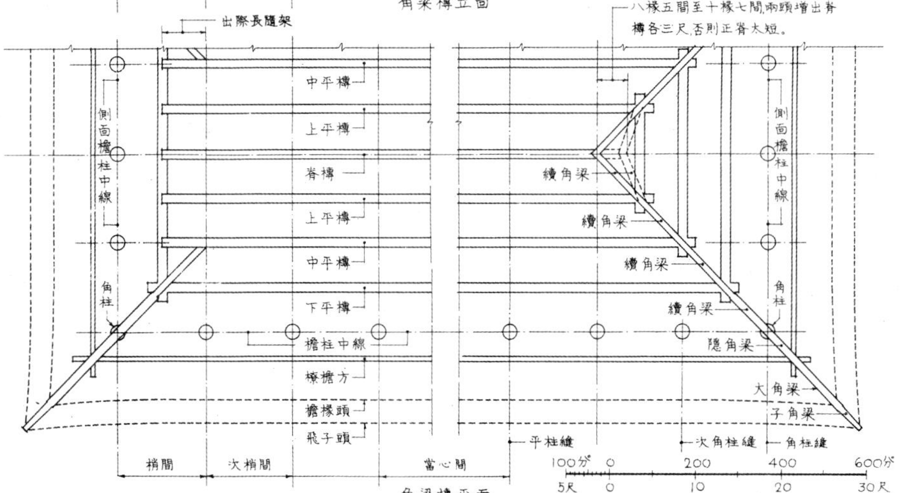

角梁槫平面

『영조법식』 추녀작법

마. 창방(昌枋)과 평방(平枋)

기둥 상부에서 주간(柱間)을 연결하고 포작(鋪作)의 하중(荷重)을 지탱하고 있는 구가재(構架材)로는 창방(昌枋)과 평방(平枋)이 있으며 이들 부재는 한국건축사의 양식분류에서도 매우 중요한 요소로 작용하였다. 즉 주상(柱上)에만 포작(鋪作)이 놓이는 것을 주심포양식이라 하고 기둥과 기둥 사이에 보간포작(補間鋪作)이 놓이는 것을 다포양식이라고 하는데 현존하는 주심포양식 건물에서는 주간에 포작이 놓이지 않으므로 전등사 약사전, 장곡사 상대웅전 등 특수한 경우를 제외하고는 평방이 놓이지 않는다. 그러나 주간에 보간포작이 놓이는 경우에는 이들 하중을 견디기 위한 합리적인 방안으로 또 하나의 부재인 평방이 놓이게 된다.

한·중 고대 목조건물에서 이들 부재를 비교해 보면 당대(唐代)의 목조건물인 남선사 대전과 불광사 대전에서는 평방이 없이 단지 창방만 설치되었다. 재(材)의 단면은 장방형이며 창방머리는 귀기둥 밖으로 빠져나오지 않았고 그 단면의 비도 2:1에 가깝다. 우리나라 영주 부석사(浮石寺) 무량수전의 창방머리도 기둥 밖으로 빠져나오지 않았으며, 그 단면의 비는 152mm×260mm 로 1:2에 가까운 비례를 보여주고 있다. 중국의 요대(遼代) 건물인 독락사 관음각의 하첨(下檐), 독락사 산문, 대동(大同) 하화엄사(下華嚴寺) 박가교장전(薄伽教藏殿), 상화엄사(上華嚴寺) 대웅전(大雄殿)의 창방 단면은 당대(唐代)에서와 같이 약 2:1인데 창방머리는 귀기둥에서 돌출하여 조각이나 장식 없이 직절(直切)된 형태를 보인다. 이러한 수법은 한국의 봉정사 극락전 창방머리와 비슷한 것이다.

송대(宋代)에 들어오면 융흥사(隆興寺) 전륜장전(轉輪藏殿) 상첨(上檐)에서 보이듯이 창방의 단면 비례는 『영조법식』 부재의 표준치인 3:2로 된다. 그렇지만 창방머리가 귀기둥 밖으로 빠져나오는 수법은 여전히 성행하지 않았던 것으로 보이며 창방 위에 평방이 나타나기 시작하였다. 그리고 금대(金代)로 들어오면 창방의 단면이 『영조법식』 3:2의 비례를 유지하면서 귀기둥에서 창방머리가 돌출된다. 이때 창방머리는 선화사(善化寺) 산문(山門), 선화사(善化寺) 삼성전(三聖殿)과 같이 사절되거나 곡선형의 장식을 하기 시작하였다. 한반도 건축에서 이러한 장식이 나타나는 시기는 고려말 조선초 건물인 은해사 거조암 영산전, 고산사 대웅전, 무위사 극락전, 개심사 대웅전, 봉정사 대웅전 등을 그 예로 들 수 있다. 그리고 개심사 대웅전, 봉정사 대웅전 등에서는 창방 위에 평방이 놓이고 주간(柱間)에는 보간포작(補間鋪作)이 나타난다. 그리고 조선중기 건물인 개심사 대웅전, 관룡사

남선사 대전   독락 관음각   융흥사 전륜장전

하화엄사 박가교장전   선화사 산문   선화사 삼성전

광효사 대전   광성사 하사전전   정정 영화루

지화사 석불각   청공부공정주법칙례   대승각

중국의 창·평방

대웅전 등 대부분의 건물에서는 창방의 단면이 거의 장방형을 이룬다. 그리고 그 위에 놓인 평방의 단면이 오히려 크게 나타나기 시작한다.

중국 목조건물에서는 청대(淸代)로 내려오면 『공정주법칙례(工程做法則例)』에서 보이듯이 두공의 규격은 전대에 비하여 그 규모가 작아지고 처마의 길이도 짧아져 건물의 외관은 오히려 장중한 맛을 잃어버렸다. 그렇지만 이 시기 한반도 목조건축에서는 창방에 비해 평방의 기능이 더욱 강조되면서 내·외부의 포작수가 증가되었다. 이러한 건축의 대표적인 예는 논산 쌍계사 대웅전, 부안 내소사 대웅전 등이 있다.

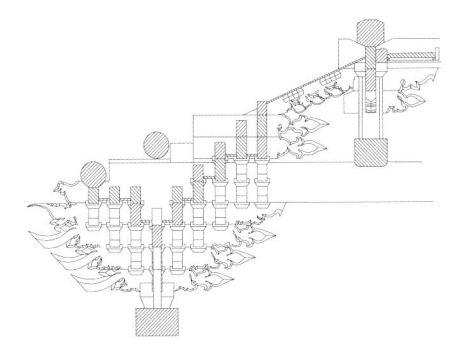

내소사 대웅전 공포 상세

봉정사 극락전	부석사 무량수전	수덕사 대웅전
강릉 객사문	무위사 극락전	도갑사 해탈문
개심사 대웅전	봉정사 대웅전	관룡사 대웅전
개암사 대웅전	용문사 대장전	율곡사 대웅전

4. 옥개부(屋蓋部)

중국과 한국건축에는 여러 가지의 지붕형식이 있지만, 주로 우진각지붕, 팔작지붕, 맞배지붕 등 주로 3가지 형식이 사용되어 왔다. 중국에서 지붕은 건물 형상의 중요한 구성부분일 뿐만 아니라 건물 등급의 표지가 된다. 지붕의 형태는 건물외관만이 아니라 건물의 평면 유형과 구조에도 영향을 미친다.

가. 팔작지붕의 합각 위치(收山)

"수산(收山)"이란 수법은 건축 예술형상을 위하여 팔작지붕 양측의 山花(합각벽)가 측면 기둥의 중심축선에서 건물 중심 쪽으로 수축(收縮)하는 방법을 말하는데 우리나라에는 아직 이러한 기준이 정해져 있지 않지만 수축하는 거리에 관하여 송『영조법식』에서는 1가(架)(150푼 정도)에 돌출하며("如殿閣轉角造, 出際長隨架"), 청대(淸代)『공정주법칙례(工程做法則例)』에서는 측면기둥 중심축선에서 안쪽으로 도리의 직경과 같은 거리로 수축함을 규정하였다. 양자의 계산 방법은 다른 것이지만 외형적으로 보면 수산(收山)의 거리는 점점 큰 것에서 작은 것으로 변해왔다. 예를 들어 남선사 대전 수산(收山)의 거리는 131cm, 송대(宋代) 융흥사(隆興寺) 전륜장전(轉輪藏殿) 89cm, 명대(明代) 지화사(智化寺) 대지전(大智殿) 42cm, 청대(淸代)의 건물은 도리의 직경과 같아 30cm 정도이다. 물론 이는 일반적인 추세이고 각 시대에도 특별한 건축 실례도 찾을 수 있다.

오늘날까지 남아 있는 고려시대의 건물 중에서는 무량수전(無量壽殿)만이 팔작지붕을 가지고 있다. 그 수산의 거리는 5.4곡척(曲尺)(약 164cm)이고, 『영조법식』의 규정보다 큰 것이다. 이 수산을 다른 말로 표현하면 용마루의 길이가 짧은 것인데 이것은 중국 고대건물의 등급제도에서 보여준 무전정(廡殿頂)과 관계가 깊은 듯하다. 그리고 무량수전의 수산은 조선중기 이후의 팔작지붕(歇山頂)과는 그 비례적인 수법에서 좀 어색한 감을 주고 있어 더욱 의구심을 가지게 한다. 따라서 이 건물은 중국 송대(宋代) 이전의 건물, 즉 당대(唐代)의 건축 풍격을 가지고 있다고 생각된다. 또한 추녀처마는 매우 멀리 뻗어나간 것을 보면 더욱 그러한 느낌을 준다.

나. 처마곡 및 안허리곡(檐角起翹 및 生出)

우진각지붕이나 팔작지붕은 하나의 정연한 방형이 아니고 귀처마 부근의 서까래 혹은 부연(浮椽)들은 외쪽과 위로 돌출해 나가는 형태를 형성한다. 서까래나 비연(飛椽)이 건물 가운데 부분보다 치켜 올라가는 것을 "기교(起翹)(허리)"라고 하며, 지붕의 평면상에서 보았을 때 휘어진 곡을 "생출(生出)(안 허리)"라고 부른다. 이러한 기교(起翹)와 생출기법은 언제부터 사용되었는지 확실히 밝혀진 것은 없다. 처마의 생출은 기교보다 늦게 출현한 것으로 보이는데 당대(唐代) 불광사 대전에서는 여전히 명확한 생출이 보이지 않는다. 요대(遼代)와 금대(金代)의 많은 건물에서는 당대(唐代)의 건축기법을 계승하여 명확한 처마 생출을 볼 수 없다. 그러나 『영조법식』에서는 처마의 기교와 생출에 대하여 이미 상세하게 규정하였다. 이렇게 보면 처마의 시작은 늦어도 북송(北宋) 초기에 시작된 것으로 볼 수 있다. 나중에는 처마의 내밀기와 기교의 기법은 매우 강한 지역성으로 나타났으며 특히 남부가 북부에 비해 더욱 강하게 나타나고 있다.

고려시대 건물로 유일하게 팔작지붕인 무량수전은 이미 생출(生出)과 기교(起翹)를 동시에 가지고 있다. 이들 곡선과 연관되는 생두목(生頭木)(갈모산방)은 『영조법식』에서는 그 길이가 건물 퇴간의 간광(間廣)과 같도록 규정하였는데, 무량수전(無量壽殿)의 갈모산방은 기교가 시작되는 지점에서부터 놓였다. 그래서 법식에서 정한 것보다 훨씬 큰 1.2 송척(宋尺)으로『영조법식』5칸의 경우인 7촌(寸) 보다는 훨씬 크다. 이러한 특징은 중국 당대(唐代)나 요대(遼代) 전기의 건물 풍격과 비슷한 것이다. 또 한국의 목조건축에서는 중국 건축과 달리 봉정사 극락전과 강릉 객사문의 지붕은 맞배집이지만 처마안허리(生出)를 보여준다. 은해사 영산전에서는 더욱 명확한 처마안허리를 볼 수 있다.

수덕사 대웅전은 맞배지붕 건물로서 중국과 마찬가지로 처마의 허리(生出)가 보이지 않지만 이는 후대 보수 과정에서 변형된 것으로 보이는데 이는 갈모산방(生頭木)을 설치하고 있기 때문이다.

한국 목조건축의 팔작지붕에서는 생출과 기교수법이 고려시대 이후 더욱 발전된 것으로 보이며 조선시대 후기로 들어오면서 기둥의 귀솟음(生起)과 곡선적인 요소는 용마루와 조화되어 한국 건물의 특징을 나타낸다.

다. 처마 내밀기(檐出과 飛子出)

첨출(檐出)이라는 개념은 서까래가 외목도리의 중심축선에서부터 바깥으로 돌출된 거리를 말한다. 비자출(飛子出)은 부연이 서까래머리에서 외쪽으로 돌출된 거리이다.『영조법식』에서는 이 2가지의 거리에 대하여 구체적으로 규정하였으며 다음과 같다.

연경(椽徑) 3촌, 칙첨출(則檐出) 3척5촌, 연경 5촌(寸), 칙첨출 4척지(尺至) 4척 5촌, 비자출에 대하여 "매 첨출(每檐出) 서까래 1척, 출비자(出飛子) 6촌"라고 규정하는데, 그 뜻은 부연 첨출:비자출＝10: 6의 관계를 가지고 있다. 하지만 오늘날까지 유지해 온 당송(唐宋)시대의 건물을 분석한다면, 그것들의 첨출과 비자출은『영조법식』의 규정보다는 보편적으로 작은 것이다.

〈『영조법식』첨출〉 (단위: 宋尺)

재등	여옥		여옥·수인		청당		전각			
	연경 6푼		연경 7푼		연경 8푼		연경 9푼		연경 10푼	
	연경	첨출 70푼	연경	첨출 72.5~75푼	연경	첨출 75~80分	연경	첨출 77.5~85푼	연경	첨출 80~90푼
1	0.36	4.20	0.42	4.35~4.50	0.48	4.50~4.80	0.54	4.65~5.10	0.60	4.80~5.40
2	0.33	3.85	0.39	3.99~4.13	0.44	4.13~4.40	0.50	4.26~4.68	0.55	4.40~4.95
3	0.30	3.50	0.35	3.63~3.75	0.40	3.75~4.00	0.45	3.88~4.25	0.50	4.00~4.50
4	0.29	3.36	0.34	3.48~3.60	0.38	3.60~3.84	0.43	3.72~4.08	0.48	3.84~4.32
5	0.26	3.08	0.31	3.19~3.30	0.35	3.30~3.52	0.40	3.41~3.74	0.44	3.52~3.96
6	0.24	2.80	0.28	2.90~3.00	0.32	3.00~3.20	0.36	3.10~3.40	0.40	3.20~3.60
7	0.21	2.45	0.25	2.54~2.63	0.28	2.63~2.80	0.32	2.71~2.98	0.35	2.80~3.15
8	0.18	3.20	0.21	2.18~2.25	0.24	2.25~2.40	0.27	2.33~2.55	0.30	2.40~2.70

한국의 목조건물에서도 처마 내밀기 수법은 오래 전부터 사용되었을 것으로 추정되지만 이러한 수법이 언제부터 채용되었는지는 확실히 알 수 없다. 『영조법식』의 규정으로 고려시대의 건물을 비교 분석해 보면 다음과 같다.

〈고려시대 첨출과 비자출〉 (단위cm)

건물명	연출 A	비자출 B	B:A	비 고
봉정사 극락전	94	59	0.62:1	『영조법식』 B:A=0.6:1
부석사 무량수전	142	77	0.54:1	
수덕사 대웅전	119	62	0.52:1	

봉정사 극락전의 처마 돌출길이는 약 2.94 송척(宋尺)으로서 6등재의 청당 혹은 7등재의 전당에 해당한다. 부석사 무량수전에서 서까래 돌출길이는 142cm로서 약 4.4 송척이고 2등재의 전당의 것과 같다. 수덕사 대웅전의 것도 부석사 무량수전의 경우와 같다. 따라서 중국 건물과 비교해보면 부석사 무량수전과 수덕사 대웅전의 처마가 돌출된 길이는 그 건물 규모보다는 상당히 큰 것이며 당대(唐代)나 요대(遼代) 전기 건물과 유사하다. 이러한 특징은 조선시대까지 여전히 나타나고 있으며, 조선시기의 건물과 중국 명청(明淸)시대 건물의 차이 중의 하나이다.

라. 처마돌출거리(總檐出)와 처마 높이(檐高)의 비례

총첨출(總檐出)이라는 용어는 처마가 외쪽으로 뻗어나가는 거리(기둥 중심축선에서 부연 머리까지)를 말하는 것이며(첨출+비자출+공포의 돌출된 거리)와 같다. 『영조법식』에서는 비록 첨출과 비자출의 치수를 규정하였지만, 이 치수는 주심도리에서 부터 계산하는 것이다. 그렇지만 처마의 형태를 고찰할 때에는 반드시 첨주(檐柱) 중심축선에서 부터의 거리를 분석해야만 의미가 있다. 첨출과 비자출은 명확하게 규정되어 있기 때문에, 나머지의 변수(變數)는 공포의 돌출거리에 있다. 『영조법식』의 공포에 관한 규정 중에서 몇 개의 사례를 선택하여 총첨출의 거리를 정리하였다. 첨고(檐高)는 기둥 높이와 공포 높이의 합산을 말한다. 총첨출과 첨고의 비례는 시대에 따라 변하며 건물 외관의 중요한 특징 중 하나이다.

처마길이와 처마 높이는 『영조법식』에 따른 계산 결과이며, 그 아래에 있는 표는 당, 요, 송 시대의 건물 세부수치이다. 이 표에서 비교해보면, 『영조법식』의 총첨출과 첨고의 비례는 약 40%~55%인데 실제 건축에서도 이러한 비례관계를 가지고 있다.

〈『영조법식』에 따른 첨출과 첨고의 비례〉 (단위: 分)

건물 유형	기둥 높이	공포 높이	첨고 A	첨출	비자출	공포 출도	총첨출 B	B : A
청당	200	63◁	263	70	42	30	142	0.54%
	250	90◀	340	70	42	30	142	0.42%
	300	113▷	413	80	48	90	218	0.53%
전당	250	105▶	355	80	48	60	188	0.53%
	300	113	413	80	48	90	218	0.53%
	375	143♤	518	90	54	150	294	0.53%

◁ 제일 간단한 공포인 두구조의 경우
◀ 4 포작 두공의 경우
▷ 청당류 건물에서 사용할 수 있는 최고급 두공인 6 포작의 경우
▶ 5 포작 두공의 경우
♤ 최고급의 두공인 6 포작의 경우

〈당, 요, 송시대 건물의 첨출과 첨고의 비례〉 (단위: cm)

건물명	기둥 높이	공포 높이	첨고 A	첨출 B	B : A
남선사 대전	382	157	539	166	0.31% ※
불광사 대전	499	249	748	363	0.48%
봉국사 대전	615	248	863	433	0.50%
보국사 대전	422	175	597	295	0.49%
진사 성모전	399	148	547	226	0.41%

〈한국 목조건물 첨출과 첨고의 비례〉 (단위: cm)

기둥 높이	기둥 높이	공포 높이	첨고 A	첨출 B	B : A
봉정사 극락전	265	118	383	227	0.59%
부석사 무량수전	327	156	483	291	0.60%
수덕사 대웅전	349	121	470	238	0.51%

고려시대의 건물 총첨출의 절대 치수는 중국 건물보다는 일반적으로 작은 것이지만, 그와 처마높이와의 비례는 상당히 큰 것인데 이러한 특징은 조선시대의 건물까지 전해져 왔다. 이는 한국 건물의 기둥 높이가 중국에 비해 비교적 낮기 때문이다.

마. 박공(博風板)의 형태

박풍판(博風板)은 맞배지붕 끝이나 팔작지붕의 합각벽에 댄 널을 말한다. 한국에서는 박공이라고 부르는데, 박풍(博風)이라는 용어도 있어[59] 중국 박풍판과 한국 박공 사이의 관계를 설명할 수 있다. 고려시대 건물의 박공은 후세의 건물과 큰 차이를 보인다. 고려시대 이후에는 부채모양의 풍판을 달아 한국 건축의 독특한 특징을 만들었다. 고려시대 건물의 박공은 중국의 것과 같은 것으로 보이며 지붕 측면의 곡선에 따라 "人(인)"자형 모양의 목판(木板)으로 되었으니, 박공 끝부분의 장식적인 곡선이 중국의 박풍판과 비슷한 점도 있다. 또한 고려시대 건물 박공판의 높이는 『영조법식』의 규정과 거의 부합한다.[60]

중국 명대(明代)이 전 대부분 갈산정(歇山頂) 건물의 합각벽(山花)에서는 박풍판만 설치되고 현어(懸魚), 야초(惹草) 등 장식 부재가 설치되었으며, 나머지 부분은 투공(透空)하고 합각위치의 내부구조는 그대로 노출되었다. 명대(明代) 건물에서는 벽돌로 합각벽(山花)를 만들었으며 청대(淸代) 건물은 주로 목재로 산화(山花)를 만들고 상화판(山花板)이라 하였다. 그렇지만 지역적인 특징이 강하기 때문에 청대(淸代) 말기까지 팔작지붕의 측면을 막지 않는 작법도 많이 사용되었다. 현재 무량수전(無量壽殿)의 합각벽은 박풍판으로 막혀 있지만 이것이 건립 당시의 모습인지는 확인하기 어렵다.

보국사 대전

소림사 초조암

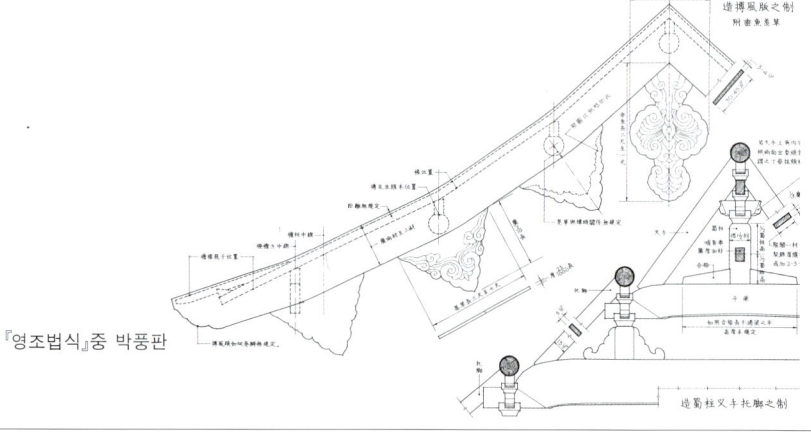

『영조법식』중 박풍판

---

59) 장기인, 『한국건축사전』.

60) 여기서 제시한 수치는 문화재연구소『국보, 보물 축소도면집 I』에서 인용된 것이지만 실제와는 약간의 차이가 있을 수 있다.

바. 지붕형태와 평면 형태의 관계

중국에서는 건물을 지을 때 지붕형태의 선택은 우선 건물의 등급에서 출발한다. 일정한 등급 질서에 따라 건물 규모를 정하고 지붕 형태를 선택하게 된다. 『영조법식』에서 지붕과 평면 형태 사이의 관계에 대하여 명확한 규정이 없지만, 전체적인 내용과 건물 실례를 참고하여 분석하면 지붕의 유형은 건물 평면형태와 일정한 관계를 가지고 있다고 추정된다. 예로서 우진각지붕 건물의 평면은 그 정면 폭과 측면 폭의 비례가 마땅히 3:2~2:1이며, 평면 비례가 3:2보다 큰 것이나 정방형에 접근하는 건물은 반드시 팔작지붕을 적용해 왔다.

고려시대 건물인 수덕사 대웅전의 평면 비례는 정방형에(1.31:1) 접근하면서도 맞배지붕을 채용하였다. 무량수전과 같은 경우에는 정면의 폭과 측면의 폭 사이에 1.6:1(18,756:11,574)의 비례에 이루어지고 팔작지붕을 사용하기는 중국 건물과 일치한다. 극락전의 평면은 1.66:1(11,665:7,030)로 무량수전과 비슷하지만 맞배지붕을 사용하였다.

명청시대에 건물 용마루의 곡선은 직선으로 변화하였다. 이와 반하여 조선시대의 건물은 의연히 곡선적인 용마루를 사용하고 있는데 이러한 용마루의 곡선도 한국 건물의 고유한 특징 중의 하나라고 볼 수 있다.

제 3 장

중층구조

1. 중층의 구조 방식

중층 목조건축은 두 개 이상의 층이 수직으로 연결되는 건축적 특성에 따라 구조적 측면에서 고도의 기술적인 고려가 요구된다. 이들 중층건축은 그 기능에 따라 문루건축, 궁궐건축, 사찰건축 등으로 대별해 볼 수 있다.

우리나라 중층 문루건물은 서울 숭례문, 서울 흥인지문, 수원 팔달문이고 단층 문루건물은 수원 화서문, 전주 풍남문, 홍성 조양문 등이다.

중층 궁궐건물은 경복궁 근정전, 창덕궁 인정전이며 궁궐의 정문인 창덕궁 돈화문과 정전의 정문인 경복궁 근정문을 들 수 있다.

중층 사찰건물로는 구례 화엄사 각황전, 부여 무량사 극락전, 공주 마곡사 대웅전, 보은 법주사 대웅전이 있고, 3층의 김제 금산사 미륵전, 5층의 법주사 팔상전이 있다.

이들 건물 중 중층 문루건축의 평면적 공통점은 정면 3칸, 측면 2칸이며 평면의 중앙에 고주를 배치하였고 서울 숭례문과 흥인지문에는 평면 안쪽 네 모퉁이에 고주를 두었다. 이들 문루 건축은 중앙에 세워진 고주가 상층까지 연결되었고 평주의 포작상부에서 짜아진 퇴보는 고주에 맞보형식으로 결구되었다. 그리고 이들 퇴보 위에 상층기둥이 세워지고 추녀가 끼어 1층과 2층의 가구가 결구되었는데 이들 건물의 지붕형식은 우진각이다. 이들 건물의 내부는 멍에창방 위에서 짜아지는 마루판이 있어 내부에서는 상·하층이 구분되며 계단을 통해 2층으로 올라 갈 수 있도록 하였다.

중층 궁궐정전인 경복궁 근정전과 창덕궁 인정전은 정면 5칸, 측면 5칸으로 숭례문과 흥인지문 평면처럼

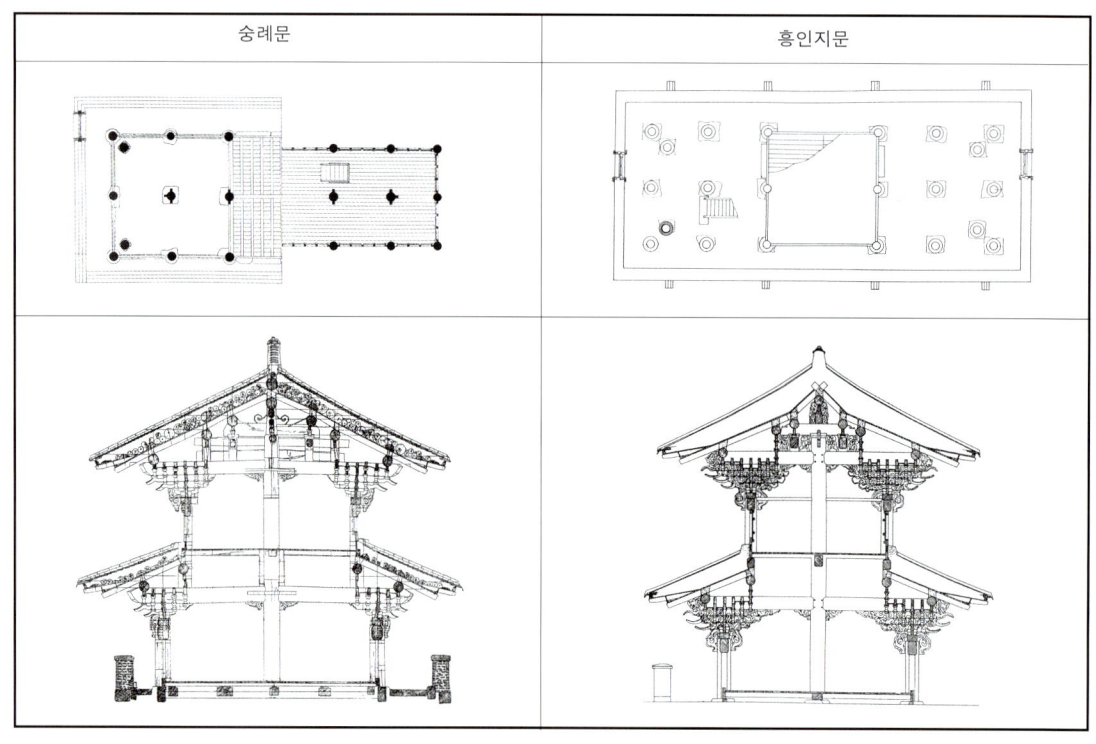

| 숭례문 | 흥인지문 |

평면 안쪽 네 모퉁이에 귀 고주를 배치하여 추녀의 하중을 고려하였다.

이들 정전은 건물내부에서 내진주열을 모두 고주로 처리하여 평주 포작 위에서 짜아진 퇴량은 내진 고주에 결구되도록 하였고 이들 퇴보 위에 2층 층단주를 세워 건물의 뼈대를 구성하였다. 문루건물은 기능상 2층에 마루를 깔았지만 정전 건물은 내부바닥을 전돌로 마감하고 실내가 완전히 개방된 통층 공간을 이루어 화려하면서도 장중한 느낌을 준다. 평면의 중앙 뒷면에는 정전 기능에 맞는 어좌를 배치하였고 그 위로는 화려한 보개천장을 꾸미었다.

중층 사찰건물 중 구례 화엄사 각황전은 정면 7칸, 측면 5칸 규모로 사방으로 둘러진 평주포작 위에는 내진 중고주에 결구되는 퇴량을 끼우고 이 퇴량 위에 2층 기둥을 세워 중층을 구성하였다. 종단면으로 보아 내진 중고주 위에는 대량을 걸쳐 이 대량의 끝이 불벽고주에 결구되도록 하였다. 그리고 이 대량의 중간지점에 짧은 기둥을 세워 불벽고주와 결구되는 종보를 올리고 판대공형의 대공을 짜아 종도리를 받치고 있다.

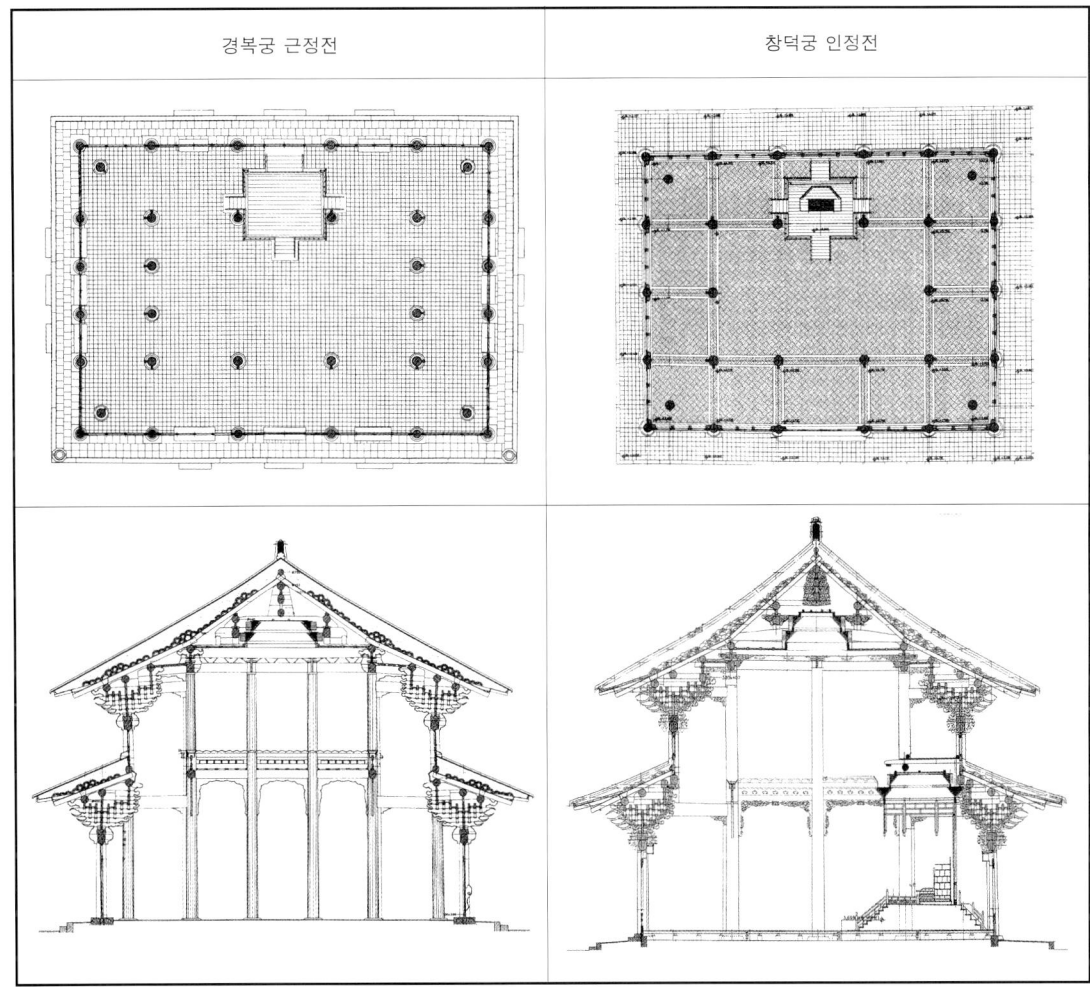

| 경복궁 근정전 | 창덕궁 인정전 |

공주에 있는 마곡사 대웅보전은 정면 5칸, 측면 4칸 규모로 평면의 전·후에 고주를 세우고 화엄사 각황전과는 다르게 평주와 고주 사이를 걸치는 퇴보가 놓이지 않았다. 평주 위에는 1층 포작이 짜이고 1층 지붕은 고주에 결구되었다. 고주 위에는 대들보가 걸쳐졌고 천장은 우물천장으로 마감하여 상부가구는 보이지 않는다.

　부여에 있는 무량사 극락전은 정면 5칸, 측면 4칸 규모로 외관상으로는 2층이지만 내부에서는 아래·위층이 구분되지 않은 통층이다. 얕은 기단 위에 높직한 기둥을 세워 하층평면을 구성하고 위층은 아래층의 내진주가 길게 빠져 올라가 4면의 벽면기둥을 형성하고 있다. 원래는 얼마 되지 않는 낮은 벽면에 빛을 받아들이기 위한 광창(光窓)을 설치했다. 공포는 기둥머리 사이에도 배열한 다포식(多包式)이며, 포작(包作)수는 아래층이 내외가 3출목인 데 비하여 위층은 내외 4출목으로 출목수에 변화를 주고 있다. 천장은 종량(宗樑) 위에 우물반자를 가설하였고, 그 아래쪽에 있는 대들보로부터 측면 기둥에 걸쳐 충량(衝樑)을 설치하고 그 끝을 용머리 모양으로 조각하였다. 건물 내부에는 마루를 깔고 중앙부 뒤쪽에 비교적 큰 불단을 마련하여 아미타삼존불을 안치하였다.

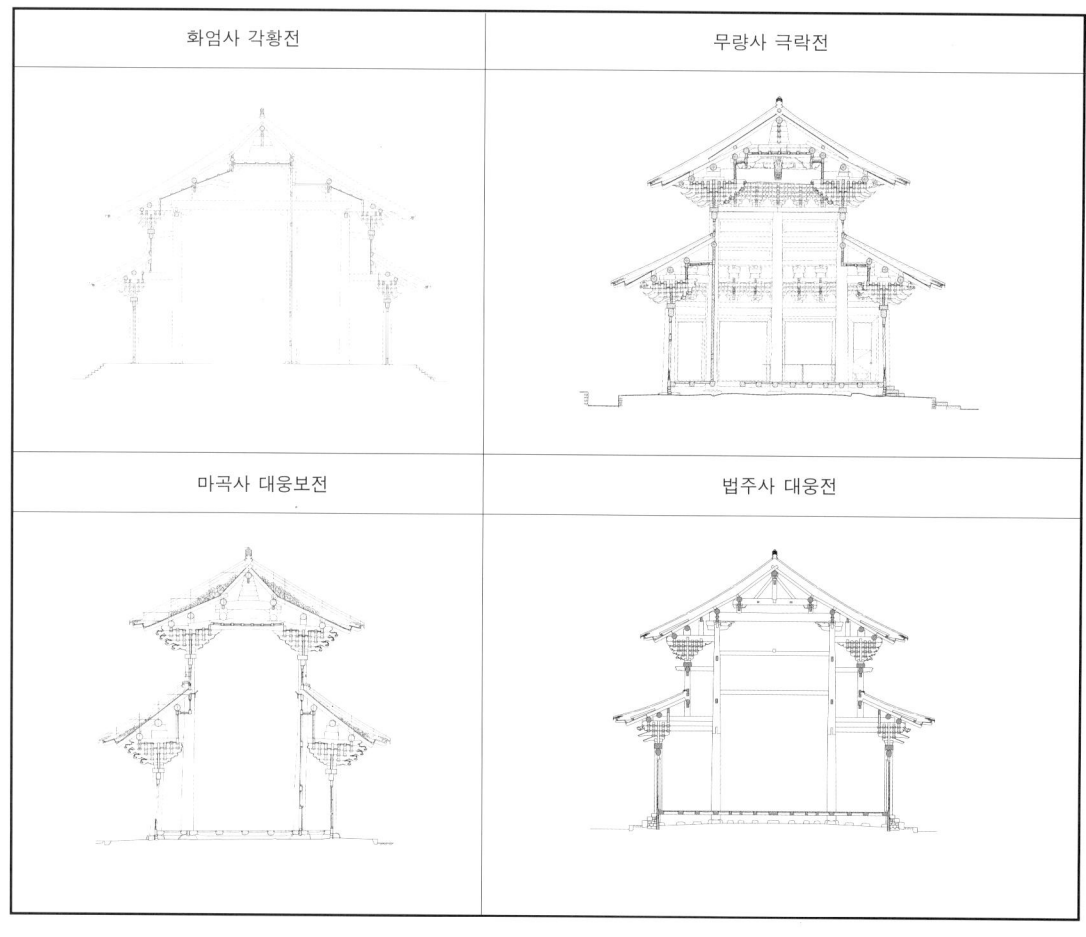

가. 중층의 구조방식

중층의 구조방식에는 각층구조방식과 연속구조방식이 있다.

- 각층구조방식

평좌가 상하층 연결구조로 사용된다. 평좌는 중층건물에서 층을 수직으로 중첩하기 위하여 인위적인 기단으로 구조상 하나의 완전한 층을 형성한다. 이것은 하층 옥개 내부에서 결구되어 입면상으로는 나타나지 않고 또한 상층의 바닥과 하층의 천장 사이에 위치하므로 암층(暗層)이라 불린다. 평좌는 하층 주상부의 공포나 보 위에 비교적 짧은 기둥을 세우고 보, 도리, 인방재, 공포 등으로써 결구하며 그 위에 상층의 기둥을 세우게 된다. 중층건물에서 평좌를 사용하는 경우 평좌층과 그 상하층은 단주를 사용하는 독립적인 단층가구가 적층되는 형식을 취하므로 각층의 기둥을 연결시키는 방식이 요구된다. 『영조법식』에는 차주조(叉柱造), 영정주조(永定柱造), 전주조(纏柱造)를 기록하고 있다.

차주조는 하층 기둥의 두공 위에 상층 기둥을 세우는 방식으로 현존 유구를 통해 구조방식-하층의 두공 위에 평좌층 기둥을 세우고 평좌기둥의 주두 위에 다시 상층의 기둥이 세워지고 있다. 영정주조는 차주조와는 달리 평좌기둥이 하층의 기둥 위에 놓이지 않고 직접 하층지반 위에 세워진다. 따라서 평좌기둥은 하층과 평좌층을 관통하는 통주가 되는데, 이것을 영정주라고 한다. 영정주와 하층의 첨주는 거의 붙여서 세워지면서 하층의 변주가 되며 일반적으로 영정주는 벽 속에 감추어지기 때문에 외견상 첨주 하나만 보인다. 전주조는 상층의 기둥이 하층 두공의 후미에 있는 보 위에 놓이는 구조로 현존하는 유례는 없다.

각층이 사용되는 경우 그 기능상 일정한 범위에서 조정될 수 있다. 이러한 구조는 입면 체감을 자유롭게 할 수 있는 장점이 있다.

구 분	차주조	영정주조
단면		

- 중층구조방식

고주와 단주를 사용하여 상하층 전체를 하나의 가구로 결구하는 방법이 사용되는데, 일반적으로 내진에는 상층까지 관통하는 고주를 사용하고 있는데 이들 수법에도 약간의 변화가 있다. 즉 하층의 내진주와 처마기둥은 퇴보로 연결되고 하층의 내진주가 상층에서는 외부로 노출되어 상층 변주가 되는 경우로 이 때 하층은 상하층을 관통하는 건물의 몸체에 덧붙는 형식을 취하게 되는데 이러한 건물의 예는 무량사 극락전과 전주 풍남문이다. 그리고 하층의 내진주와 변주를 연결한 퇴보상에 상층의 변주가 올려지는 경우로 이러한 구조에서 하층의 퇴보는 상층의 체감 정도에 따라 한 층 혹은 두 층 이상의 변주를 지지하게 된다. 이러한 구조로 상층의 체감 정도를 작게 할 경우에 하층의 퇴보에는 상당히 큰 하중이 걸리게 되는데 이러한 건물의 예는 화엄사 각황전, 법주사 대웅보전 등이다. 그리고 또 하나의 수법은 보칸 중앙에 고주를 세우고 고주에 퇴보를 맞보처럼 끼우고 그 위에 2층 변주를 세우는 방법인데 이러한 건물의 예는 서울 숭례문과 흥인지문 등이다.

입면 체감에서 수평방향 체감은 퇴칸의 길이와 관련되며 상층의 변주가 구성되는 방식에 따라 그 정도가 달라진다. 입면상으로 퇴칸 부분을 제외하고는 상하층의 기둥열은 일치하게 된다.

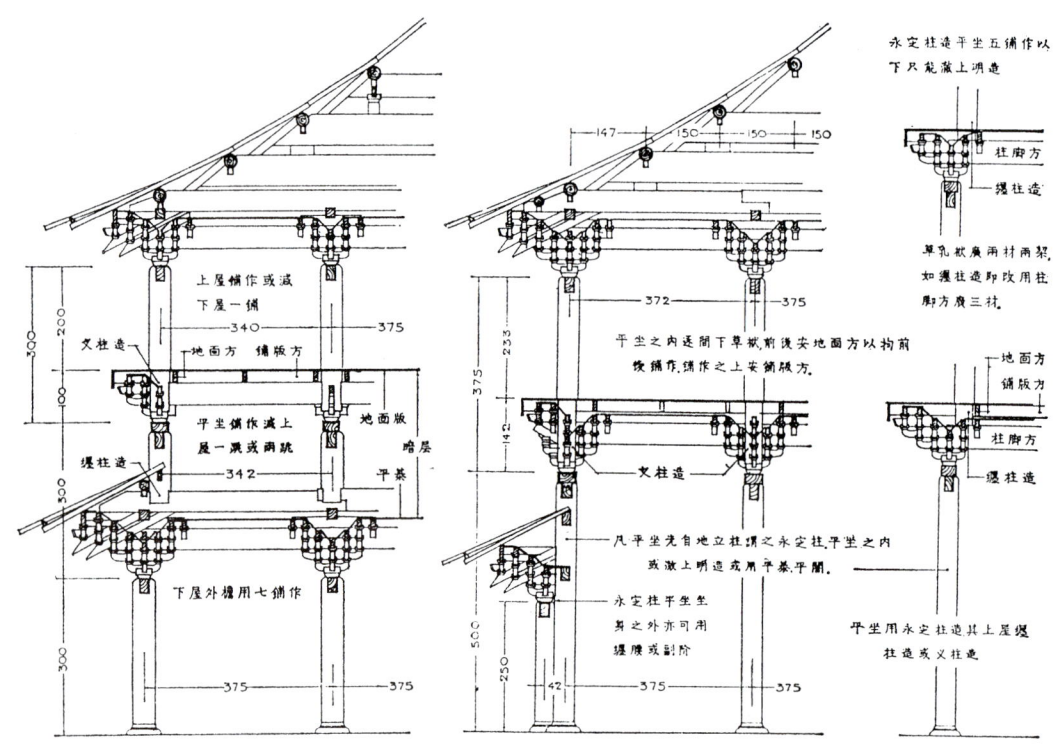

중국의 중층전각결구형식 1

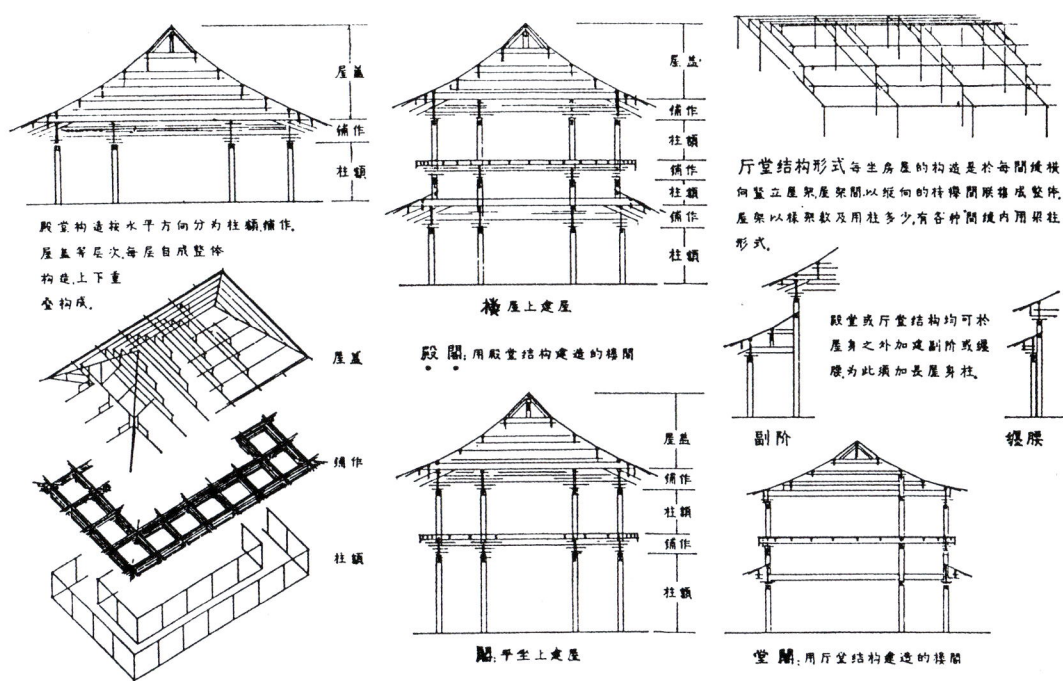

중국의 중층전각결구형식 2

선화사 보현각

제 **4** 장

기법

1. 기법

목재는 산판에서 벌목하여 일정한 길이로 자르고 다듬어 용도에 따라 사용하지만 때로는 이들 부재를 서로 연결하기 위하여 이음과 맞춤기법을 많이 사용한다. 즉 길이 방향으로 두 재를 이어 접합하는 것 또는 그 자리를 이음이라 하고 두 재가 서로 직교 또는 경사각으로 접합하는 것 또는 그 자리를 맞춤이라 한다. 또 두 재를 섬유 방향으로 평행하게 옆대어 붙이는 것을 쪽매라 하고, 이음자리, 맞춤자리 등을 이음새, 이음매, 맞춤새라고도 하며 이를 통틀어 목재접합이라고 한다. 이음과 맞춤은 목조건축의 결구에서 매우 중요한 자리를 차지하고 있으며 이들 기법은 목조건축 문화권인 일본이나 중국에서도 거의 같은 수법을 사용하고 있다

가. 이음

이음은 여러 종류가 있지만 가장 손쉽고 많이 쓰이는 것은 주먹장이음이다.

이음에는 맞댄이음, 겹친이음, 덧판이음, 반턱이음, 빗이음, 엇빗이음이 있고 주먹장이음에는 턱걸이주먹장이음, 겹주먹장이음, 메뚜기장이음, 갈퀴이음이 있으며 장부이음에는 맞장부이음과 상투이음이 있다. 또 턱솔이음에는 一자(字), ㄱ자, ㄷ자, ㅁ자, 十자, T자턱솔이음이 있고 촉이음에는 긴촉이음, 은장이음, 산지이음, 십자쌍촉이음이 있으며 빗걸이 이음에는 빗걸이홈이음과 빗걸이촉이음이 있다.

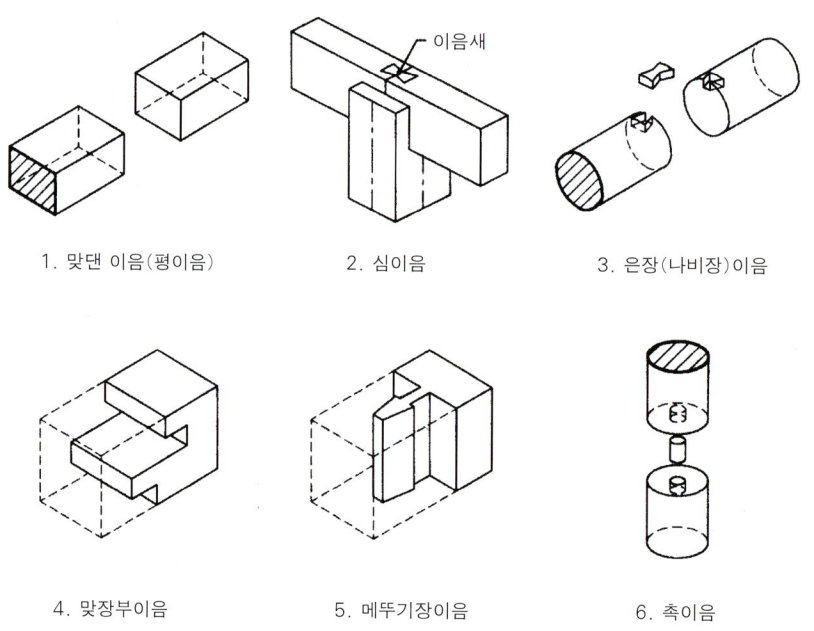

1. 맞댄 이음(평이음) 2. 심이음 3. 은장(나비장)이음

4. 맞장부이음 5. 메뚜기장이음 6. 촉이음

나. 맞춤

맞춤은 크게 나누어 평면적으로 교차되는 것과 입체적으로 삼방향 교차되는 맞춤이 있다. 맞춤은 통맞춤, 턱솔맞춤, 턱맞춤, 빗턱맞춤이 있고 걸침턱 맞춤에는 반걸침턱맞춤, 외걸이턱맞춤, 외쪽따내기맞춤, 아래턱끼움, 반반따기맞춤이 있으며, 반턱맞춤에는 삼분턱맞춤, 사분턱맞춤이 있다.

주먹장맞춤에는 두겁주먹장맞춤, 턱솔주먹장맞춤, 내림주먹장맞춤 등이 있고 장부맞춤에는 긴장부, 짧은장부, 내닫이장부, 턱장부 등이 있다. 그리고 촉, 은장, 산지, 메뚜기맞춤도 많이 쓰이는 맞춤 중의 하나이다.

또 문틀 등에 많이 쓰이는 연귀맞춤이 있고 일반적으로 사개맞춤으로 불리는 기둥머리의 화통맞춤, 보머리의 숭어턱맞춤, 안장맞춤, 가름장맞춤, 되맞춤, 사개주먹장맞춤 등 그 용도와 기능에 따라 다양한 형태의 맞춤을 사용할 수 있다.

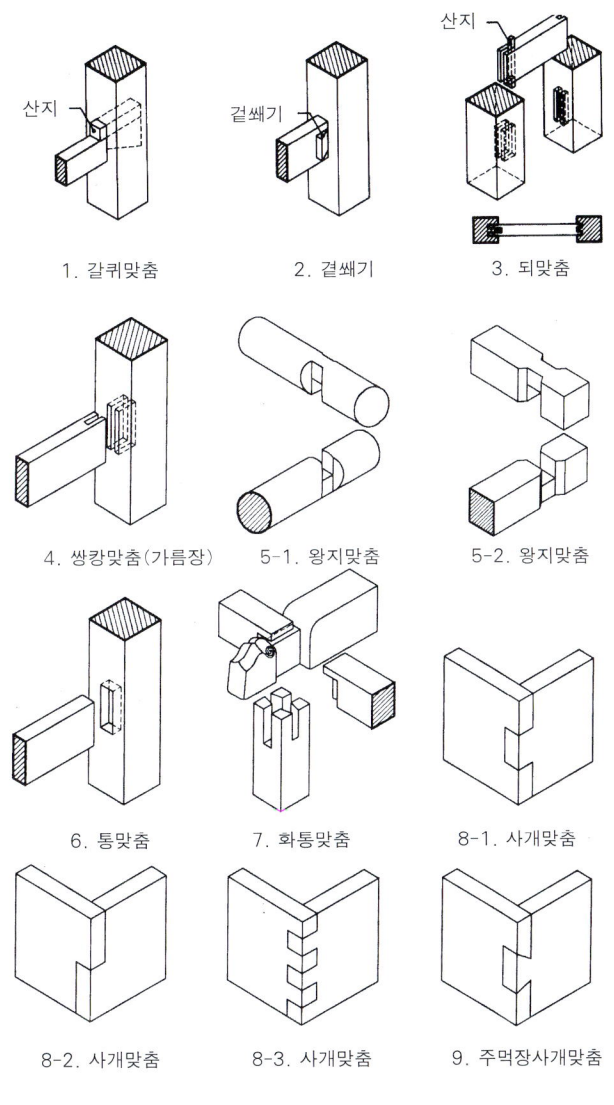

1. 갈퀴맞춤
2. 곁쐐기
3. 되맞춤
4. 쌍캉맞춤(가름장)
5-1. 왕지맞춤
5-2. 왕지맞춤
6. 통맞춤
7. 화통맞춤
8-1. 사개맞춤
8-2. 사개맞춤
8-3. 사개맞춤
9. 주먹장사개맞춤

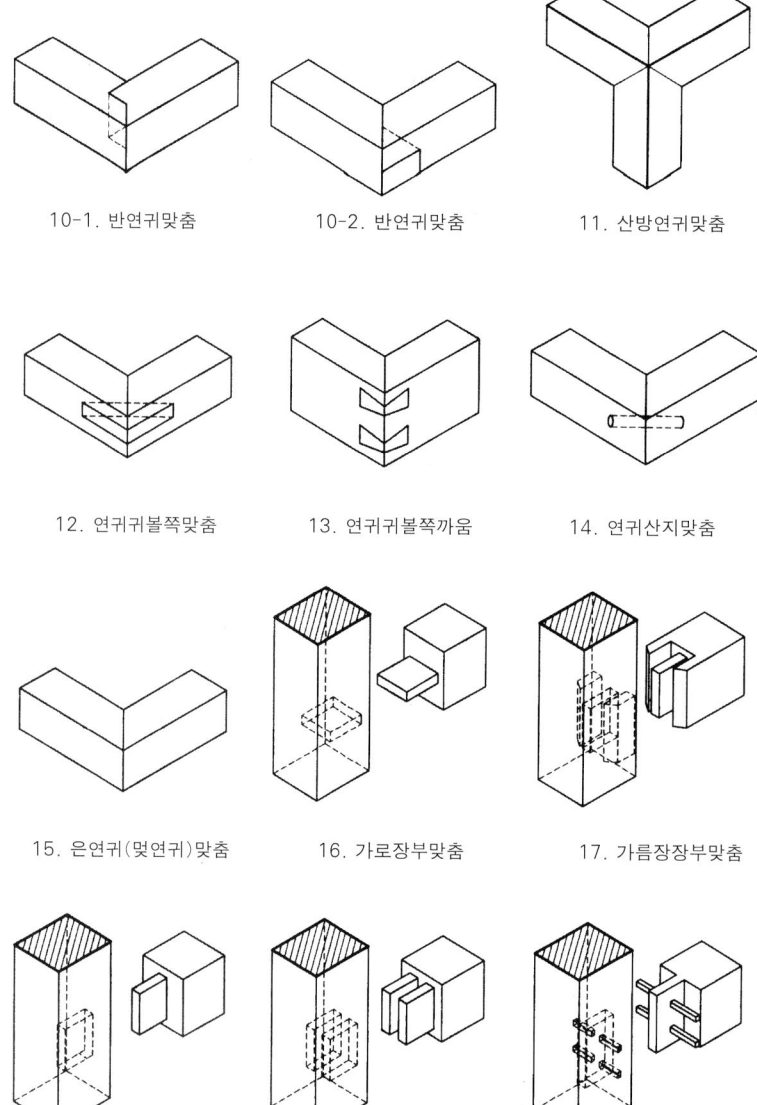

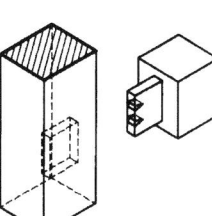
21. 지옥장부맞춤

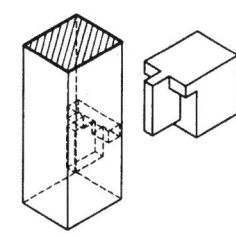
22. 턱솔장부맞춤

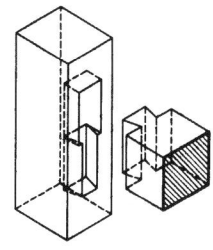
23. 내림주먹장맞춤

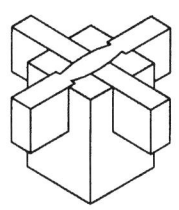
24. 내외주먹장맞춤

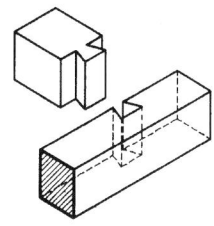
25-1. 주먹장맞춤

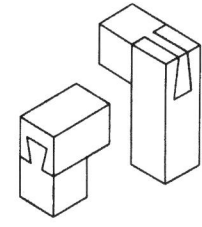
25-2. 주먹장맞춤

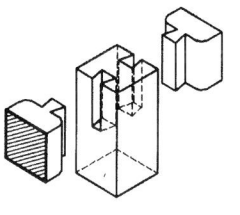
25-3. 주먹장맞춤

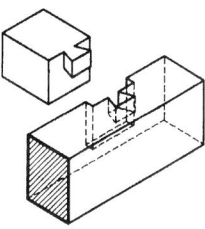
26-1. 통널고주먹장맞춤

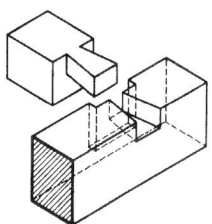
26-2. 통널고주먹장맞춤

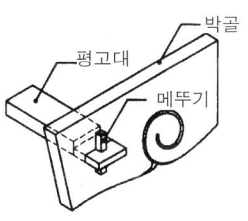
27. 메뚜기장맞춤

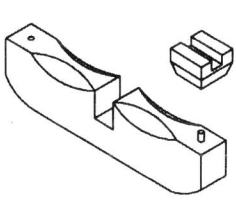
28. 촉맞춤

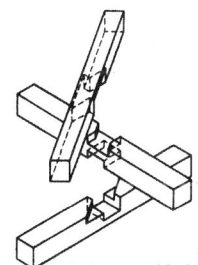
29-1. 6모3분턱

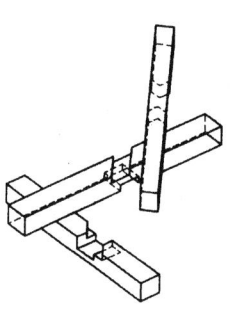
29-2. 6모3분턱

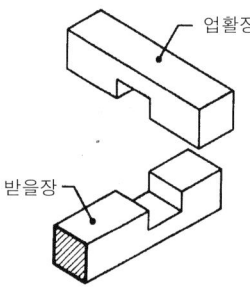
30. 반턱맞춤

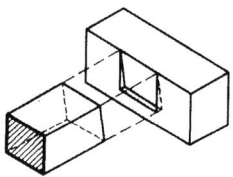
31. 빗턱맞춤

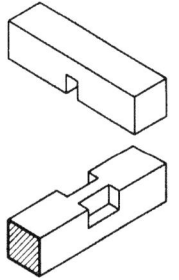
32. 양걸침턱맞춤

부록

사료
단행본 및 논문

1. 사료

《三國遺事》《三國史記》《高麗史》《高麗史節要》

《東國輿地勝覽》《世宗實錄》《新增東國輿地勝覽》《朝鮮佛敎通史》

宋, 徐兢《高麗圖經》. 宋《高僧傳》.《營造法式》.《洛陽伽藍記》

淸《工程做法則例》.

2. 단행본 및 논문

中國科學院自然科學史研究所 主編, 中國古代建築史, 科學出版社, 1990

梁思成,《淸式營造則例》, 北京, 中國建築工業出版社, 1987.

劉大可,《中國古建築瓦石營法》, 北京, 中國建築工業出版社, 1995.

中國科學院自然科學史研究所 主編, 北京,《中國古代建築技術書》, 科學出版社, 1990.

中國大百科全書編輯委員會,《中國大百科全書》建築, 園林, 城市計 , 北京, 中國大
百科全書出版社, 1983.

淸華大學建築系編,《建築史論文集第1集~第10集》, 北京, 淸華大學出版社 1980~1998.

劉敦楨,《中國古代建築史》, 北京, 中國建築工業出版社, 1997, (第八次印刷).

陳明達,《大木作制度硏究》, 北京, 文物出版社, 1993.

梁思成,《中國建築史》, 北京, 百花文藝出版社, 1998.

陳正祥,《中國歷史文化地理圖冊》, 東京, 原書房, 昭和 57年, 1982.

陳 炎,《海上絲綢之路 中外文化交流》, 北京, 北京大學出版社, 1996.

楊炫之,《洛陽伽藍紀》, 上海, 上海古籍出版社, 1993.

中國古代建築史佛敎建築編, 北京, 中國建築工業出版社, 1993.

羅哲文, 劉文淵, 劉春英,《中國著名佛敎寺廟》, 北京, 中國城市出版社, 1995.

上海古籍出版社編,《二十五史》, 宋代編, 上海, 上海古籍出版社, 1986.

梁思成,《營造法式主釋》, 卷上, 北京, 中國建築工業出版社.

王璞子,《工程做法注釋》, 北京, 中國建築工業出版社, 1995.

北京市文物硏究所編,《中國古代建築辭典》, 北京, 中國書店, 1992.

王魯民,《中國古典建築文化探源》, 上海, 同濟大學出版社, 1997.

郭黛姮. 徐伯安,《營造法式》大木作制度小議, 北京, 建築史傳輯編輯委員會.

祁英濤,《對少林寺初祖庵大殿的初步分析》, 北京, 建築史傳輯編輯委員會.

張馭寰,《山西元代殿堂的大木結构》, 北京, 建築史傳輯編輯委員會.

孫宗文,《南方禪宗寺院建築及其影響》, 北京, 建築史傳輯編輯委員會.

張馭寰,《南方古塔槪觀》, 北京, 建築史傳輯編輯委員會.

祁英濤, 紫釋俊《五台南禪寺大殿修復工程報告》, 北京, 建築史傳輯編輯委員會.

蕭 墨,《敦煌建築硏究》, 北京, 文物出版社, 1989.

揚鴻勛,《建築考古論文集》, 北京, 文物出版社, 1987.

山西省古建築保護硏究所《朔州崇福寺彌陀殿修繕工程報告》, 北京, 文物出版社, 1987.

郭黛姮, 中國古代建築史 第3卷, 北京, 中國建築工業出版社, 2003.

國立文化財硏究所《韓國古建築》第一號~二十號, 韓國國立文化財硏究所, 1972~1998.

李能和,《韓國佛敎通史上·下卷》, 慶熙出版社, 影印本, 1980.

金正基,《韓國木造建築》, 一志社, 1980.

張慶浩,《韓國傳統建築》, 文藝出版社, 1992.

金東賢,《韓國木造建築技法》, 발언, 1996.

鄭寅國,《韓國建築樣式論》, 一志社, 1974.

尹張燮,《韓國建築硏究》, 東明社, 1973.

張慶浩,《百濟寺刹建築》, 藝耕産業社, 1992.

張起仁,《韓國建築用語辭典》, 普成文化社, 1991.

張起仁,《韓國建築大系》, 普成文化社, 1991.

朴彦坤,《韓國建築史講論》, 文運堂, 1991.

朱南哲,《韓國建築美》, 一志社, 1983.

洪潤植,《韓國佛敎史硏究》, 敎文社, 1998.

金東旭,《韓國建築의 歷史》, 技文堂, 1997.

李奉春,《佛敎의 歷史》, 民族社, 1998.

《保國寺》, 浙江攝影出版社, 1996. 4.

《無爲寺極樂殿修理報告書》, 文化財管理局, 1984.

《華嚴寺實測調査報告書》, 文化財管理局, 1986.

《金山寺實測調査報告書》, 文化財管理局, 1988.

《花嚴寺實測調査報告書》, 文化財管理局, 1985.

《鳳停寺修理報告書》, 文化財管理局, 1992.

《修德寺大雄殿修理報告書》, 文化財廳, 2005.

《慶會樓實測調査및修理工事報告書》, 文化財廳, 2000.

《昌德宮仁政殿實測調査報告書》, 文化財廳, 1998.

《勤政殿實測調査報告書》, 文化財廳, 2000.

韓東洙,〈初探中. 韓兩國古代建築文化的比較與交流〉, 淸華大學博士學位論文,
　　　　　　　　　　- 以14世紀至19世紀爲主 -, 北京, 1997.

金奉建,《傳統中層木造建築에 關한 硏究》, 서울大學校 大學院 博士學位論文, 1994.

《文物》

林 釗〈泉洲開元寺大殿〉　　　　　　　　　　文物, 1959, 第2期.

杜仙洲〈義縣奉國寺大雄殿調査報告〉　　　　　文物, 1961, 第3期.

辛其一〈四川唐代摩崖中反映的建築形式〉　　　文物, 1961, 第11期.

揚 烈〈山西平順縣古建築勘察記, 大元寺〉　　 文物, 1962, 第2期.

閻文儒〈新疆天山以南的石窟〉　　　　　　　　文物, 1962, 7, 第7, 8期.

陳從周〈浙江古建築調査記略〉　　　　　　　　文物, 1963, 7, 第7期.

杜仙洲〈永樂宮的建築〉　　　　　　　　　　　文物, 1963, 8, 第8期.

祁英濤〈中國古代建築年代的鑒定〉　　　　　　文物, 1965, 4, 第4期.

羅哲文〈山西之台山佛光寺大殿的內友現唐五代的題記和唐代壁畫〉 文物, 1965, 第4期.

祁英濤〈中國古代建築年代的鑒正〉　　　　　　文物, 1965, 5, 第5期.

張步騫〈蘇洲瑞光寺塔〉　　　　　　　　　　　文物, 1965, 10, 第10期.

傅熹年〈唐長安大明宮含元殿原狀的探討〉　　　文物, 1973, 3, 第3期.

蘇洲市文管會〈蘇洲市瑞光寺塔發現一此五代北宋〉 文物, 1979, 11, 第11期.

鄭恩淮〈應縣木塔發現的明永樂二十年大布告〉　文物, 1986, 第9期.

宿白, 馬得志, 揚泓, 常又明, 盧兆蔭, 孫扒, 馮先銘, 李輝柄, 李知宴, 馬世長, 晁華山,
〈法門寺塔地宮出土文物筆談〉　　　　　　　　文物, 1988, 第10期.

王中河〈浙江黃岩靈石寺塔發現北宋　劇人物磚雕〉 文物, 1989, 第2期.

庄景輝〈論宋代泉州的石橋建築〉　　　　　　　文物, 1990, 第4期.

宿 白〈元代杭州的藏傳密敎及其有關遺迹〉　　 文物, 1990, 第10期.

山西省古建築保護硏究所, 李裕群,〈天龍山石窟調査報告〉 文物, 1991, 第1期.

林士民〈浙江宁波天封塔地宮發掘報告〉　　　　文物, 1991, 第6期.

劉友恒, 樊子林〈河北正定天宁寺凌霄塔地宮出土文物〉 文物, 1991, 第6期.

黃滋〈浙江松陽延慶寺塔构造分析〉　　　　　　文物, 1991, 第11期.

河南省古代建築保護硏究所〈河南安陽宝山靈泉寺塔林〉 文物, 1992, 第1期.

黃文昆〈十六國的石窟寺與敦煌石窟藝術〉　　　文物, 1992, 第5期.

傅熹年〈日本飛鳥, 奈良時期建築中所反映出的中國南北朝, 隋唐建築特点〉

　　　　　　　　　　　　　　　　文物, 1992, 第10期.
張弓〈唐代佛寺群系的形成及其布局特点〉　　　　　文物, 1993, 第10期.
張鐵宁〈渤海上京龍泉府宮殿建築復原〉　　　　　　文物, 1994, 第6期.
張漢君〈遼慶州釋迦佛舍利塔營造歷史及其建築　制〉　文物, 1994, 第12期.
顔華〈山東广饒關帝廟正殿〉　　　　　　　　　　　文物, 1995, 第1期.
雷生霖〈河北蔚縣五台山金河寺調査記〉　　　　　　文物, 1995, 第1期.
劉友恒, 聶連順〈河北正定開元寺發現出唐地宮〉　　文物, 1995, 第6期.
李裕群〈山西左權石佛寺石窟 "高歡云洞"石窟〉　　　文物, 1995, 第9期.

《中國營造學社匯刊》

朱啓鈐〈朱啓鈐中國營造學社緣起〉　　　　　　　　匯刊創刊号.
〈營叶慈博士論中國建築內有渉及營造法式之批評〉
闞鐸〈仿宋重刊營造法式校記〉
　　〈征求營造佚存圖籍啓事〉
　　〈營造法式印行消息〉
朱啓鈐, 闞鐸〈王觀堂先生及營造法式之遺札〉　　　匯刊一卷二期 1930年 12月.
　　〈元大都宮苑圖考〉
　　〈叶慈博士據永樂大典本法式圖樣與仿宋刊本互校記〉
　　〈伊東忠太博士講演支那之建築〉
　　〈建築中國宮殿之則例(美國亞東社會月刊)〉
梁思成〈營造算例緣起 ?殿歇山科大木大式做法〉　　匯刊二卷 一期 1931年 4月.
　　〈大木小式做法 大木雜式做法〉
　　闞鐸〈營造辭匯纂輯方式之先例〉
　　〈仿建熱河普陀宗寺誦經亭記〉　　　　　　　　匯刊二卷 二期 1931年 7月.
梁思成〈營造算例土作做法發考做法瓦作做法〉
　　〈大式瓦作做法 石作做法石作分法〉
　　〈法人德密那維爾氏評宋李明仲營造法式〉
梁思成〈營造算例 橋座分法 琉璃瓦料做法〉　　　　匯刊二卷 三期 1931年 11月.
　　〈建築中國宮殿之則例(追加英文版 美國東亞社會月刊)〉
濱田耕著 劉敦楨譯注〈法隆寺與漢六朝建築式樣之關系〉　匯刊三卷 一期 1932年 3月.
田邊泰著 劉敦楨譯注〈玉虫廚之子建築价值
與宮殿〉

梁啓雄〈論中國建築之几个特徵〉

梁思成〈蓟縣獨樂寺觀音閣山門考〉　　　　　匯刊三卷 二期 1932年 6月.

劉敦楨〈北平智化寺如來殿調查記〉　　　　　匯刊三卷 三期 1932年 9月.

田邊泰著 梁思成繹〈大唐五山諸堂圖考〉

梁思成〈宝坻縣广濟寺三大士殿〉　　　　　　匯刊三卷 四期 1932年 12月.

龍非了〈開封之鐵塔〉　　　　　　　　　　　匯刊三卷 四期 1932年 12月.

蔡方蔭, 劉敦楨, 梁思成〈故宮文淵閣樓面修理計划〉

謝圖楨〈營造法式版本源流考〉　　　　　　　匯刊四卷 一期 1933年 3月.

艾克著　梁思成譯〈福清二石塔〉

劉敦楨〈万年橋述略〉

劉敦楨校譯〈牌樓算例〉

單士元〈明代營造史料〉

梁思成〈正定調查記略〉　　　　　　　　　　匯刊四卷 二期 1933年 6月.

單士元〈明代營造史料〉

梁思成, 劉敦楨〈大同古建築調查報告〉　　　匯刊四卷 三四期合刊 1933年 12月.

林徽因, 梁思成〈云岡石窟所表現的北魏建築〉

單士元〈明代營造史料〉

單士元〈明代營造史料〉　　　　　　　　　　匯刊五卷 一期 1933年 3月.

鮑鼎 劉敦楨 梁思成〈漢代建築式樣與裝飾〉　匯刊五卷 二期 1934年 6月.

單士元〈明代營造史料〉

梁思成〈杭州六和塔复原狀計略〉　　　　　　匯刊五卷 三期 1935年 3月.

林徽因 梁思成〈晋汾古建築預查記略〉

單士元〈明代營造史料〉

劉敦楨〈河北省西部古建築調查記略〉　　　　匯刊五卷 四期 1935年 6月.

王璧文〈清官式石橋做法〉

梁思成〈曲阜孔廟之建築及其修葺計划(專刊)〉　匯刊六卷 一期 1935年 9月.

劉敦楨〈北平護國寺殘迹〉　　　　　　　　　匯刊六卷 二期 1935年 12月.

劉敦楨, 梁思成〈清故宮文淵閣實測圖說〉

王璧文〈清官式石閘及石涵洞做法〉

梁思成〈建築設計參考圖集叙〉

梁思成〈建築設計參考圖集簡說 (一)台基 (二)石欄杆 (三)店面〉

楊延宝〈汴鄭古建築游覽計錄〉　　　　　　匯刊六卷 三期 1936年 9月.

劉敦楨〈蘇州古建築調查記〉

王璧文〈元大都城坊考〉

鮑鼎〈唐宋塔之初步分析〉　　　　　　　匯刊六卷 四期 1937年 6月.

劉敦楨〈河北省北部古建築調查記〉

王璧文〈元大都寺觀廟宇建植沿革表〉

梁思成〈記五台山佛光寺建築〉　　　　　匯刊七卷 一期 1944年 10月.

莫宗江〈宜賓舊州白塔宋墓〉

劉敦楨〈云南之塔幢〉　　　　　　　　　匯刊七卷二期1945年10月.

劉致平〈成都清眞寺〉

莫宗江〈山西楡次永壽寺雨華宮〉

劉致平〈乾道辛昂墓〉

梁思成〈記五台山佛光寺建築(續)〉

《古建園林技術》

이 책은 한국문화재보호재단에서 운영하는 문화재수리기술강좌의 교재로 발간하였으며, 교과 과정은 다음과 같습니다.

● 교육기간 : 3개월(15주)

● 개설과목
 · 공통과목 : 한국건축사, 중국건축, 일본건축, 전통조경,
   민가건축, 문화재보호법, 근대건축 등
 · 보수전공 : 석조문화재, 한국건축구조, 건축시공
 · 단청전공 : 단청의 이해, 단청도안실기

● 강사진 : 문화재위원, 대학교수 등

● 문　의 : 교육연수팀 (02-555-9337~8)

목조건축의 구성

발행처	한국문화재보호재단
	서울시 강남구 삼성동 112-2
	전화 : 02)555-9337 전송 : 02)567-6979
	홈페이지 : www.chf.or.kr
발행인	김홍렬
발행일	2006년 5월 25일
	2008년 3월 28일 2쇄
지은이	장헌덕
등록번호	제2-183 (1980.10.31)
인쇄처	(주)계문사(02-725-5216)

값 23,000 원

이 책의 저작권은 한국문화재보호재단에 있으며 본문에 게재된 사진도판을 포함한 모든 내용의 무단복제나 전재를 금합니다.